Susanne Roser

Sheltie

Susanne Roser

Sheltie

Oertel+Spörer

Bildnachweis

Titelbild: Susanne Roser
Innenteilbilder:
Sybille Bender: S. 34, 46, 52, 53 o., 57, 62, 84
Cathy Dupree: S. 20
Susanne Gigler: S. 38, 73
Susanne Heer: S. 27, 60
Carlo Rasi: S. 36, 85
Ann-Kathrin Riedel: S. 24 u.
Lana Robinson: S. 12, 18, 19, 26 u., 27, 30, 54, 64, 89
Patrick Verague: S. 24 o.
Andrea Weinzierl: S. 9, 22, 26 o., 28, 31, 39, 42, 42, 55, 71, 74, 76, 80, 91
Alle anderen Fotos von der Autorin

Haftungsausschluss

Bibliografische Information der Deutschen Nationalbibliothek

Die Deutsche Nationalbibliothek verzeichnet diese Publikation in der Deutschen Nationalbibliografie; detaillierte bibliografische Daten sind im Internet über http://dnb.d-nb.de abrufbar.

© Oertel+Spörer Verlags-GmbH+Co.KG · 2011
Postfach 16 42 · 72706 Reutlingen
Alle Rechte vorbehalten
Schrift: 9/11 p Stone Sans
Lektorat: Dr. Gabriele Lehari
DTP und Repro: raff digital gmbh, Riederich
Druck und Bindung: Oertel+Spörer Druck und Medien-GmbH+Co., Riederich
Printed in Germany
ISBN 978-3-88627-834-3

Inhalt

Die Geschichte des Sheltie

Im nördlichsten Teil Großbritanniens, auf den zu Schottland gehörenden Shetland Inseln, beginnt die Geschichte einer wundervollen Hunderasse: des Sheltie. Durch den Golfstrom sind die Temperaturen auf den Shetlands mild, Frost ist eher selten – dafür haben die Inseln umso mehr stürmische Winde, Regen und Nebel zu bieten. Das Thermometer steigt auch im Sommer selten über 15 °C. Bedingt durch die kargen Böden spielte der Ackerbau in der Entstehungszeit der Rasse eine untergeordnete Rolle. Die Bewohner der zerklüfteten Inseln lebten hauptsächlich vom Fischfang und bescheidener Weidewirtschaft.

Shelties haben immer ein Lächeln im Gesicht – das macht sie so liebenswert.

Der kleine Hütehund

Für die wenigen Schafe brauchte man keine spezialisierten großen Hütehunde wie auf den ausgedehnten Weideflächen des Festlands, sondern es genügten kleine, flinke Hunde, die vorwitzige Schafe und Hühner von den Anbauflächen fernhalten konnten und zudem als „Melder" Auffälligkeiten durch Bellen anzeigten. Ihre geringe Größe, Leichtigkeit und Wendigkeit kamen ihnen bei der Arbeit auf den schroffen Inseln zugute. Noch heute fordert der Rassestandard viele Eigenschaften, die den Urahn des Sheltie zu dieser Art von Arbeit in dem rauen Inselklima befähigten.

Trotz der Isolation auf den abgelegenen Shetland Inseln kam es immer wieder zu Blutauffrischungen durch Hunde, die auf anlegenden Fischerbooten mitreisten. In vielen Fällen waren dies spitzartige Hunde wie der heute ausgestorbene Yakki – der Einfluss dieser nordischen Rasse zeigt sich noch heute bei einzelnen zobelfarbenen Shelties als aparte „Rußnase", eine dunkle Gesichtsmaske. Auch was den Körperbau betrifft, lässt sich bei einzelnen Exemplaren die quadratische, vergleichsweise steil gewinkelte Konstruktion der Spitzartigen erkennen, mitunter auch deren geringelte Rute und die öfter vorkommenden Stehohren. Neben den spitzartigen Hunden sollen außerdem der Spaniel und der Working Collie an der Entstehung der Ur-Shelties, der „Toonie Dogs" beteiligt gewesen sein.

> **! Schon gewusst?**
>
> Der Name „Toonie Dogs" leitet sich von dem Begriff „Toon", altenglisch „tün" (daraus entstand „town") ab, die frühere Bezeichnung für eine kleine Siedlung oder ein umfriedetes Gehöft. Aufgabe der Toonie Dogs war es, das Anwesen zu bewachen und Vieh von den Anbauflächen zu verscheuchen.
>
> Eine weitere Bezeichnung für den Sheltie ist „Peerie Dog", vermutlich abgeleitet vom nornischen Begriff „piri" für „klein". Norn war bis ins 18. Jahrhundert die offizielle Sprache auf den Shetlands und Orkneys. Noch heute ist das dort gesprochene Englisch vom Norn beeinflusst.

Auf den Spanieleinfluss ist das gewellte Fell einiger Shelties zurückzuführen und wohl auch das ab und zu in Erscheinung tretende „schwere" Ohr. Für das gelegentlich vorkommende helle, weizenfarbene Zobel scheint der norwegische Buhund verantwortlich zu sein. Blue Merle Shelties gab es in den Ursprungsjahren der Rasse nicht. Diese Farbe trat erst durch das Einkreuzen von Collies auf.

Im ausklingenden 19. Jahrhundert fanden die hübschen kleinen Bauernhunde den Weg von den Shetland Inseln aufs britische Festland – als Geschenk und Souvenir.

Blue Merle war ursprünglich keine Farbe des Shetland Sheepdog, sondern trat erst später durch Kreuzungen mit Collies auf. **9**

Bald wurden sie gezielt für den Verkauf gezüchtet. Durch Einkreuzung kleiner Rassen wie des Pomeranian (Zwergspitz) wurden sie „süßer", ihre runden Augen und das Köpfchen entsprachen dem Kindchenschema. Auch dieser Einfluss ist noch heute bei manchen Shelties ersichtlich.

Zu Beginn des 20. Jahrhunderts wurden die ersten Shelties auf Hundeausstellungen gezeigt, zunächst unter der Bezeichnung „Shetland Collie". Da dies den etablierten Collie Züchtern missfiel, prägte man den offiziellen Rassenamen „Shetland Sheepdog" und es bildeten sich verschiedene Clubs: 1908 der Shetland Sheepdog Club, 1909 der Scottish Shetland Sheepdog Club und 1914 der English Shetland Sheepdog Club.

192. Schäferhund der Shetland-Inseln. Sheltie „Ch. Kiliwoch Nettle". Bes. Miss Violet Deering-Bodwell. — Shetland sheep-dog. (Photo Fall)

Ein alter Sheltie. Aus: A. Gräfin vom Hagen, „Die Hunderassen", Akad. Verlagsgesellschaft Atheanion, Potsdam 1939.

Die Gräfin schreibt zum Sheltie: „Als man ‚Shetland Sheepdog' in graziöseres ‚Sheltie' kürzte, umschmiegte der Name liebevoll ein Geschöpf, das die Natur, von züchterischer Einsicht leicht korrigiert, in ihrer liebenswürdigsten Laune geschaffen hat. Es entstand die entzückendste Gebrauchsform caniner Welt – ein Collie en miniature, in umfassendem Sinne. (...)"

Die Anfänge der Sheltiezucht

Da man sich in den Anfängen der Sheltiezucht stark am Colliestandard orientierte, waren im Scottish Shetland Sheepdog Club anfangs noch „rough Shelties" – kurzhaarige Exemplare – erlaubt. 1914 hat man den Standard erneut überarbeitet und die „rough Shelties" ausgeschlossen.

Im Standard des englischen Clubs stand zunächst nur „show collie in miniature". 1930 wurde die Passage verändert in „should resemble a collie (rough) in miniature" und somit die Fellbeschaffenheit konkret definiert.

1964 einigten sich die Clubs auf einen gemeinsamen Standard, der im nächsten Kapitel aufgeführt wird.

Heute gibt es in Großbritannien acht verschiedene Sheltie Clubs, in Deutschland gibt es zwei dem VDH (Verband für das Deutsche Hundewesen) angeschlossene Zuchtvereine für den Shetland Sheepdog.

Obwohl der Sheltie nun auf hundert Jahre Zuchtgeschichte zurückblickt, gibt es immer noch deutliche Unterschiede zwischen den einzelnen Rassevertretern. Ganz offensichtlich und auch für den Laien leicht erkennbar sind die durch die unterschiedlichen Rasseeinkreuzungen bedingten Größenunterschiede.

Für das geschulte Auge gibt es noch wesentlich mehr Unterschiede. Es existieren wohl nur wenige Rassen, die in puncto Individualität dem Sheltie gleichkommen.

Der Sheltie erfreut sich in Deutschland steigender Beliebtheit, hoffentlich ohne jemals zum Modehund zu werden. Seine Agilität, Schönheit und Lernfreude machen ihn zum idealen Begleiter für denjenigen, der sich auf den sensiblen Arbeitshund einstellen kann und ihn entsprechend seiner rassespezifischen Anlagen behandelt, fördert und erzieht.

Standard und Erscheinungsbild des Sheltie

Die Zucht von Rassehunden funktioniert nur dann, wenn alle Züchter ein einheitliches Ziel verfolgen. Wie der ideale Vertreter einer Hunderasse beschaffen sein soll, wird im Rassestandard vorgegeben. Die Züchter, die dem VDH angeschlossen sind, haben sich verpflichtet, nach den Regeln der FCI (Fédération Cynologique International) zu züchten.

Eine wunderschöne zobelfarbene Hündin.

Der FCI-Rassestandard des Sheltie

Das Ursprungsland des Sheltie ist Großbritannien. Der im Heimatland festgelegte Standard ist für alle anderen Länder verbindlich. Änderungen in der Standardformulierung können nur vom Mutterland beschlossen werden.

Der Sheltie gehört zur Rassegruppe 1 und wird hier wie alle anderen Hütehunde der Sektion 1, Schäferhunde, zugeordnet. Der Standard hat die FCI-Nummer 88. Die im Folgenden aufgeführte Fassung ist gültig seit dem 30.5.1989. Im Jahr 2009 und 2010 wurden Änderungen vorgenommen, die hier auch ergänzt werden.

FCI-Nr. 88

Ursprungsland: Großbritannien

Allgemeines Erscheinungsbild: Kleiner, langhaariger Arbeitshund von großer Schönheit, frei von Plumpheit und Grobheit. Umrisslinie symmetrisch, sodass kein Teil unproportioniert erscheint. Das üppige Haarkleid, die üppige Mähne und Halskrause und ein schön geformter Kopf mit einem lieblichen Ausdruck verbinden sich zum idealen Erscheinungsbild.

Charakteristika: Wachsam, sanft, intelligent, kräftig und lebhaft.

Wesen: Liebevoll und verständig gegenüber seinem Herrn, reserviert gegenüber Fremden, niemals nervös.

Kopf und Schädel: Kopf edel, von oben oder von der Seite gesehen wie ein langer, stumpfer Keil, der sich von den Ohren zur Nase hin verjüngt. Die Breite des Schädels steht im richtigen Verhältnis zur Länge von Schädel und Fang. Das Ganze muss in Anbetracht der Größe des Hundes bewertet werden. Schädel flach, mäßig breit zwischen den Ohren, ohne dass das Hinterhauptbein hervorragt. Wangen flach, glatt in den gut gerundeten Fang übergehend. Schädel und Fang gleich lang. Teilungspunkt ist der innere Augenwinkel. Oberlinie des Schädels verläuft parallel zur Oberlinie des Fangs, mit leichtem, aber deutlich erkennbarem Stopp. Nase, Lefzen und Lidränder schwarz. Der charakteristische Ausdruck ergibt sich durch die vollkommene Harmonie in der Verbindung von Schädel und Vorgesicht, durch Form, Farbe und Platzierung der Augen und durch die richtig angesetzt und korrekt getragenen Ohren.

Fang/Gebiss: Kiefer ebenmäßig, glatt geschnitten, kräftig, mit gut entwickeltem Unterkiefer. Lippen fest geschlossen. Zähne gesund mit einem perfekten, regelmäßigen und vollständigen Scherengebiss, wobei die obere Schneidezahnreihe ohne Zwischenraum über die untere greift und die Zähne senkrecht im Kiefer stehen. Ein vollständiger Satz von 42 richtig platzierten Zähnen ist höchst wünschenswert.

Augen: Mittelgroß, schräg eingesetzt, mandelförmig. Dunkelbraun, außer bei den Merles, bei denen ein oder beide Augen blau oder blau gesprenkelt sein dürfen.

Ohren: Klein und am Ansatz mäßig breit, auf dem Schädel ziemlich eng zusammenstehend. Im Ruhezustand werden sie zurückgelegt getragen; im aufmerksamen Zustand werden sie nach vorn gebracht und halbaufrecht, mit nach vorn kippenden Spitzen getragen.

Hals: Muskulös, gut gebogen, von ausreichender Länge, um eine stolze Kopfhaltung zu ermöglichen.

Vorhand: Schultern sehr gut zurückliegend. Am Widerrist nur durch die Wirbel getrennt liegen die Schulterblätter dann schräg nach außen, um der gewünschten Wölbung der Rippen Platz zu bieten. Schultergelenke gut gewinkelt. Oberarm und Schulterblatt ungefähr gleich lang. Abstand vom Boden zu den Ellenbogen gleich dem Abstand von Ellenbogen zu Widerrist. Vorderläufe von vorn gesehen gerade, muskulös und ebenmäßig geformt, mit kräftigen Knochen. Vordermittelfuß kräftig und geschmeidig.

Körper: Geringfügig länger vom Schultergelenk zu den Sitzbeinhockern als die Widerristhöhe. Brust tief, bis zu den Ellenbogen herabreichend. Rippen gut gewölbt, in der unteren Hälfte schmal zusammenlaufend, um den Vorderläufen und den Schultern eine freie Bewegung zu ermöglichen, Rücken gerade, mit einer anmutigen Rundung über der Lendenpartie, Kruppe allmählich nach hinten abfallend.

Hinterhand: Schenkel breit und muskulös, Schenkelknochen im rechten Winkel im Becken eingesetzt. Kniegelenk mit deutlicher Winkelung, Sprunggelenke gut geformt und gewinkelt, tiefstehend, mit kräftigen Knochen. Hintermittelfuß von hinten gesehen gerade.

Pfoten: Oval, mit gut gepolsterten Sohlen, Zehen gewölbt und geschlossen.

Rute: Tief angesetzt. Die zur Spitze hin dünner werdenden Wirbelknochen reichen bis zu den Sprunggelenken, reichlich mit Haar bedeckt und mit einem leichten Aufwärtsschwung. Sie darf in der Bewegung leicht erhoben werden, aber niemals über die Rückenlinie hinaus. Auf keinen Fall geknickt.

Gangart/Bewegung: Geschmeidig, fließend und anmutig, mit Schub aus der Hinterhand, dabei größtmögliche Distanz bei geringster Anstrengung zurücklegend. Passgang, kreuzende oder wiegende Gangart oder steife, stelzende Auf- und Abwärtsbewegungen sind höchst unerwünscht.

Haarkleid: Doppelt, das äußere Deckhaar besteht aus langem, hartem und geradem Haar. Unterwolle weich, kurz und dicht. Mähne und Halskrause sehr üppig. Vorderläufe gut befedert. Hinterläufe oberhalb der Sprunggelenke stark, unterhalb ziemlich kurz/glatt behaart. Das Gesicht kurz-/glatthaarig. Kurzhaarige Exemplare sind höchst unerwünscht.

Farbe:
- **Zobelfarben:** Reinfarben oder in Schattierungen von hellem Gold bis zum satten Mahagoni, wobei die Schattierung kräftig getönt sein soll. Wolfsfarbe und grau sind unerwünscht.
- **Tricolor:** Tiefschwarz am Körper, vorzugsweise mit satten lohfarbenen Abzeichen.
- **Blue Merle:** Klares silbriges Blau, mit schwarzer Sprenkelung und Marmorierung. Satte lohfarbene Abzeichen werden bevorzugt, ihr Fehlen wird nicht bestraft. Große schwarze Flächen, schiefergrauer

oder rostfarbener Anflug, sowohl im Deckhaar als auch in der Unterwolle sind höchst unerwünscht. Der Gesamteindruck muss von Blau geprägt sein.

■ **Schwarz-Weiß und Schwarz mit Loh** sind ebenfalls anerkannte Farben. Weiße Abzeichen dürfen (außer bei Schwarz mit Loh) als Blesse, am Halskragen, an der Brust, an der Halskrause, an den Läufen und an der Spitze der Rute vorhanden sein. Das Vorhandensein all dieser oder einiger dieser weißen Abzeichen soll bevorzugt werden (außer bei Schwarz mit Loh); das Fehlen dieser Abzeichen soll nicht bestraft werden. Weiße Flecken am Körper sind höchst unerwünscht.

Größe: Ideale Widerristhöhe: Rüden: 37 cm, Hündinnen: 35,5 cm. Eine Abweichung um mehr als 2,5 cm über oder unter diese Maße ist höchst unerwünscht.

Fehler: Jede Abweichung von den vorgenannten Punkten sollte als Fehler angesehen werden, dessen Bewertung im genauen Verhältnis zum Grad der Abweichung stehen sollte.

Anmerkung: Rüden sollten zwei offensichtlich normal entwickelte Hoden aufweisen, die sich vollständig im Skrotum befinden.

Aktuelle Änderungen des Rassestandards

Am 6. März 2009 wurden einige Ergänzungen/Änderungen vorgenommen. Momentan gibt es noch keine offizielle Übersetzung dieser Änderungen, daher hier der Originaltext:

General appearance: (…) action lithe and graceful….

Head: Head refined and elegant with no exaggerations; when viewed from top or side a long, blunt wedge, tapering from ear to nose. Width and depth of skull in proportion to length of skull and muzzle. Whole to be considered in connection with size of dog.

Forequarters: Forelegs straight when viewed from front, muscular and clean with strong, but not heavy, bone.

Hair: (...) The coat should fit the body and not dominate or detract from the outline of the dog.

Ideal height at withers: Males 37 cm, Females 35,5 cm (2009 zunächst auf 36 cm geändert, am 1. Juni 2010 erneute Korrektur durch den ESSC – English Shetland Sheepdog Club – auf 35,5 cm). *More than 2,5 cm above or below these heights highly undesirable.*

Any dog clearly showing physical or behavioural abnormalities shall be disqualified.

Die Bezeichnungen der Körperteile des Sheltie.

Die Änderungen geben einen eleganten, nicht zu knochenschweren Hund mit nicht übertrieben üppigem Fell vor. Hier die freie Übersetzung:

Allgemeines Erscheinungsbild: (...) Bewegungen geschmeidig und anmutig (...)

Kopf: Kopf edel und elegant, ohne Übertreibungen. Von vorn und der Seite ein langer, stumpfer Keil, der sich von den Ohren zur Nase hin verjüngt. Schädelbreite und -tiefe proportional zur Länge von Schädel und Fang. Der gesamte Kopf muss in Verbindung zur Größe des Hundes betrachtet werden.

Vorderfront: Vorderläufe von vorn gesehen gerade, muskulös und glatt, mit starken, aber nicht schweren Knochen.

Haarkleid: (...) Das Fell sollte am Körper anliegen und den Umriss des Hundes nicht dominieren oder von ihm ablenken.

Ideale Widerristhöhe: Rüden 37 cm, Hündinnen 35,5 cm. Abweichungen um mehr als 2,5 cm sind höchst unerwünscht.

Jeder Hund, der physische oder Verhaltensanomalien zeigt, soll disqualifiziert werden.

16

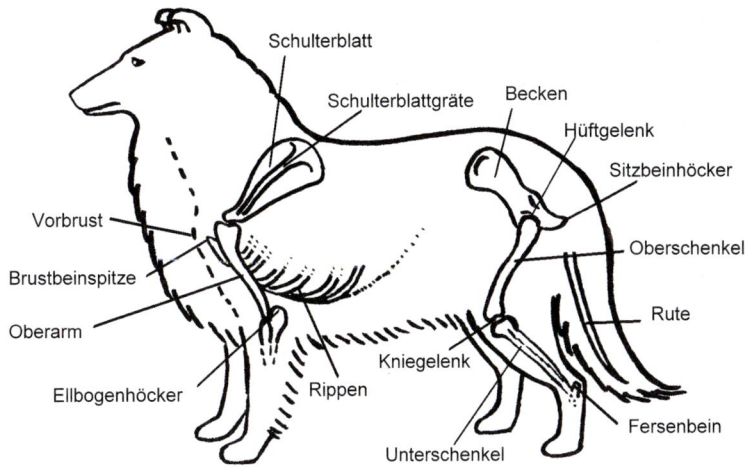

Erläuterungen zum FCI-Standard

Der Standard erklärt sich größtenteils selbst, einige wichtige Punkte verdienen aber eine nähere Erläuterung.

Der Körperbau des Sheltie ist frei von Übertreibung, es ist ein sehr funktionaler Körperbau, der es dem Hund erlaubt, weite Strecken zurückzulegen, ohne zu ermüden. Sehr wichtig ist die korrekte Winkelung von Vor- und Hinterhand, die es dem ideal gebauten Sheltie ermöglicht, weit auszugreifen und sich mit geringem Energieaufwand fortzubewegen. Der Winkel zwischen Schulterblatt und Oberarm sowie zwischen Becken und Oberschenkelknochen sollte 90 Grad betragen.

Ein Sheltie soll sich im schnellen Trab, im sogenannten „Single Tracking", fortbewegen, das heißt, die Innenseite der Pfoten soll eine imaginäre Linie (die Schwerpunktlinie) berühren, ähnlich wie das Schnüren beim Fuchs. Bei dieser Art der Fortbewegung entstehen keine seitlichen Schaukelbewegungen, die unnötig Energie verbrauchen.

Ein weiterer Begriff aus dem Englischen ist die „Daisy Cutting Action" – der Sheltie soll die Füße nur so weit hochheben, dass er gerade noch „die Gänseblümchen

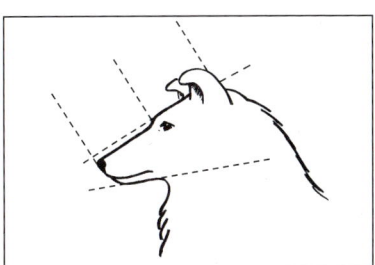

Bei den Kopfproportionen soll der Abstand von der Nasenspitze bis zum Stopp dieselbe Länge haben wie vom Stopp zum Ende des Schädels (Hinterhauptbein). Seitlich ist der Kopf keilförmig, ebenso wie von vorn betrachtet. Der Kopf soll „aus einem Stück" sein, ein sogenannter „one-piece-head" mit fließenden Konturen.

17

köpft". Auch dies ist energiesparend. Bei einem trabenden Sheltie soll der Rücken außerdem auf einer Linie bleiben. Auch hierfür gibt es einen bildlichen Ausdruck: Man soll beim laufenden Sheltie „eine Teetasse auf seinem Rücken abstellen können".

Ein zentraler Punkt im englischen Standard ist die Beschreibung des Kopfes. Knapp 30 Prozent des gesamten Textes befassen sich mit der Beschaffenheit von Kopf, Schädel, Fang, Augen und Ohren. Man spricht vom Sheltie mitunter als „Kopfrasse". Tatsächlich sind die Kopfproportionen sowie die Form, Größe und Platzierung der Augen und Ohren ausschlaggebend für den Ausdruck des Hundes und geringe Abweichungen verändern die Ausstrahlung des Tieres stark.

Das üppige, korrekte Fell ist ebenfalls ein wichtiges Kriterium. Genau dieser Punkt wurde im überarbeiteten Standard spezifiziert: Das Fell sollte am Körper anliegen und den Umriss des Hundes nicht dominieren oder von ihm ablenken. Ein Arbeitshund sollte auch das Fell eines Arbeitshundes haben. Das korrekte Sheltiefell ist pflegeleicht, robust und hält den Hund auch bei Regen und Schnee trocken und warm. Das harsche Deckhaar soll gerade sein, ohne Wellen und Locken; weiches, seidiges Haar bietet keinen Schutz gegen Regen.

Die Unterwolle sollte kurz sein und so dicht, dass man nur schwer auf die Haut sehen kann. Das korrekte Sheltiefell wird als „stand off" be-

18 *Die englische Championhündin Milesend Goodtimes at Lavika.*

schrieben: Durch die dichte Unterwolle hängt das Deckhaar nicht herunter, sondern wird gestützt. Im Buch von Margaret Osborne findet sich sogar eine Maßangabe: Etwa einen Inch (2,54 cm) sollte diese Unterwolle/ Deckhaarschicht lang sein. Danach passen sich die Deckhaare (die ja länger als ein Inch sind) den Körperkonturen an. Abstehendes Fell ist nicht erwünscht!

Auch außergewöhnliche Farben wie dieser Bi Blue Sheltie mit blauen Augen, hier ein Champion aus einer der bekanntesten englischen Linien, haben ihre Liebhaber.

Der amerikanische Sheltie

Shelties werden weltweit gezüchtet, in den USA erfreuen sie sich aber ganz besonderer Beliebtheit. Die ersten Hunde wurden um das Jahr 1910 in die Staaten gebracht. 1929 ist das Gründungsjahr der „American Shetland Sheepdog Association" (ASSA). In dieser Zeit wurde der erste amerikanische Rassestandard verfasst.

Der amerikanische Standard unterscheidet sich in einigen Punkten vom englischen Standard. Im Vorwort des ASSA wird (im Gegensatz zum englischen Standard) der Langhaar-Collie mehrfach erwähnt und darauf hingewiesen, dass der Sheltie sich zum Langhaar-Collie verhalten soll wie **19**

Die amerikanische Championhündin Mindalyn Wishful Thinking.

das Shetlandpony zu einem Pferd einer größeren Rasse. Wohl durch diese bildliche Vorgabe und auch durch die weitergehende Interpretation und Gewichtung der geforderten Eigenschaften ergeben sich deutliche Unterschiede zwischen typvollen Shelties aus rein englischen und solchen aus rein amerikanischen Linien.

Klar sagen muss man allerdings, dass es sowohl beim englisch als auch beim amerikanisch gezogenen Sheltie sehr große Unterschiede zwischen einzelnen Rassevertretern gibt.

In den USA hatte man ähnliche züchterische Aufgaben wie in Großbritannien, denn die Größe der Shelties variierte stark. 1959 wurde ein Größenideal von 13 bis 16 Inch (33,0 bis 40,6 cm) im Standard verankert. Daraus kann man aber nicht ableiten, dass amerikanische Shelties grundsätzlich größer sind als britische. Im Unterschied zum FCI-Standard schreibt der amerikanische Sheltiestandard zwar vor, dass Hunde, die größenmäßig nicht im Standard liegen, bei Ausstellungen disqualifiziert werden. Die Zucht ist allerdings auch mit den größeren Exemplaren möglich.

Auf FCI-Schauen hingegen werden die „höchst unerwünschten" Größenabweichungen in Anbetracht des gesamten Hundes bewertet. So kann auch ein Sheltie mit einer Größe außerhalb des geforderten Maßes eine sehr gute Schaubewertung erhalten.

Etliche deutsche Züchter züchten mit Shelties aus amerikanischen Linien. Die meisten verpaaren diese mit Shelties englischer Abstammung, einige wenige züchten rein amerikanisch.

!

Eigene Zuchtgedanken?

Shelties sind Hunde, die begeistern. Die meisten Besitzer überlegen sich früher oder später, ihre Hündin werfen zu lassen oder ihren Rüden als Deckrüden anzubieten. Viele Züchter sind genau diesen Weg gegangen – über die Liebe zum einzelnen Sheltie entstand die Leidenschaft für die gesamte Rasse und die Zucht.

Die Sheltiezucht ist nicht einfach. Nach wie vor gibt es große Abweichungen und Typunterschiede selbst innerhalb eines Wurfes. Viel Zeit muss täglich in die erwachsenen Hunde investiert werden. Will man einen Wurf optimal aufziehen, ist man rund um die Uhr gefordert und gebunden. Kontinuierliche Fortbildungen sind in der heutigen Zeit obligatorisch.

Die Wurfstärke der Shelties ist vergleichsweise gering, im Schnitt bringt eine Sheltiehündin drei bis vier Welpen zur Welt.

Wie überall liegen auch in der Zucht Licht und Schatten nebeneinander. Hat man in einem Jahr Freude an einem gelungenen Wurf, kann schon im folgenden Jahr ein Tief folgen mit Geburtsschwierigkeiten oder toten Welpen. Und zu einem Zwinger gehören in der Regel nicht nur junge, gesunde Zuchthunde, sondern auch Senioren, die besondere Aufmerksamkeit brauchen.

Ins Reich der Märchen verweisen kann man die Aussage, dass eine Hündin einen Wurf haben muss, um gesund zu bleiben. Ebenso braucht kein Rüde das „Gefühl, einmal Vater zu werden". Nach einem Deckakt kann sich der Sexualtrieb sogar verstärken.

Möchten Sie den Schritt wagen und mit der Hobbyzucht beginnen, informieren Sie sich vorher gründlich. Erster Ansprechpartner sollte immer der Züchter Ihres Hundes sein. Zum einen kann er Ihnen Näheres über die Anlagen Ihres Hundes sagen, zum anderen kann er Ihnen bei den ersten Schritten mit Rat zur Seite stehen.

Sollten Sie vorhaben, mit Ihrem Sheltie zu züchten, denken Sie auch daran, dass auf FCI-Schauen nach dem englischen Standard gerichtet wird. Weitere Informationen erhalten Sie von den Rassezuchtvereinen. Auf deren Homepages finden Sie auch die Termine aktueller Veranstaltungen und Seminare.

Für den amerikanischen Standard des AKC (American Kennel Club) gibt es keine offizielle Übersetzung. Wer sich dafür interessiert, findet den Standard auf der Internetseite der ASSA: www.assa.org/standard.html.

Die Farben des Sheltie

Der Sheltie ist eine „bunte" Rasse. Auch wenn es streng genommen nur die zwei Grundfarben Zobel und Schwarz gibt, haben wir es bei Shelties mit wahren Individualisten zu tun, was die Farbe ihres Fellkleides betrifft.

Da die Hunde sich zudem in Typ, Größe und Fellmenge sehr unterscheiden, gibt es nur wenige Shelties, die sich zum Verwechseln ähnlich sehen.

Die Farbvielfalt des Sheltie.

Farbvererbung

Eine Gemeinsamkeit gibt es aber: Alle Shelties haben genetisch bedingt weißes Fell an Brust, Beinen, Bauch und Rutenspitze. Die Größe dieser Bereiche ist jedoch unterschiedlich. Es gibt Shelties mit viel Weiß, einer breiten weißen Brust, hohen weißen „Stiefeln" und einer großzügig weiß gefärbten Rutenspitze. Aber es gibt auch Exemplare, bei denen die Natur am Weiß gespart hat. Weiße Abzeichen im Gesicht oder weißer Kragen kommen bei vielen Shelties vor, sind aber nicht obligatorisch.

Exkurs in die Genetik

■ Phänotyp und Genotyp

Der Phänotyp ist das äußere Erscheinungsbild. Dazu zählen zum Beispiel einfach zu erkennende Merkmale wie Geschlecht, Fellfarbe und Größe, aber auch weniger leicht sichtbare Eigenschaften, die man erst durch eine medizinische Untersuchung erkennen kann, wie zum Beispiel die Anatomie des Hüftgelenks.

Genotyp hingegen nennt man die genetische Ausstattung des Hundes, also das, was der Hund an Erbgut besitzt, auch wenn es sich im Phänotyp nicht äußert. Ein Tier kann phänotypisch absolut gesund sein, aber dennoch „krankmachende" Gene in sich tragen und diese an seine Nachkommen weitergeben.

■ Dominant und rezessiv

In der Keimzelle, aus der der Welpe entsteht, befindet sich das Erbgut beider Elternteile. Für jede Merkmalsausprägung sind darum (mindestens) zwei Gene vorhanden. Diese beiden einander entsprechenden Gene von Mutter und Vater nennt man „Allele". Oft werden nicht beide Allele wirksam, sondern nur eins der beiden setzt sich durch und überdeckt oder unterdrückt das andere Allel. Das Gen, das sich durchsetzt, nenn man das dominante Gen, das andere unterdrückte ist das rezessive Gen.

Zobel-Weiß (Sable)

Zobel-Weiß, Zobelfarben oder englisch „Sable" ist die Bezeichnung der typischen „Lassie-Farbe". Die Farbe ist sehr variabel, von sehr hellem blassgoldenem Zobel bis hin zu einem dunklen Mahagoniton. Die Farbe Zobel vererbt sich dominant. Ein Sheltie, der ein Zobelgen in sich trägt, ist daher auch immer zobelfarben im Phänotyp.

Shelties, die ein Zobel-Gen und ein Tricolor-Gen haben, sind phänotypisch immer zobelfarben, können aber das Tricolor-Gen vererben und somit tricolorfarbene Welpen bekommen. Reinerbig zobelfarbene Shelties, die sowohl von Vater als auch von Mutter das Zobel-Gen bekommen haben, können nur zobelfarbene Welpen haben.

Manche Shelties dieser Farbe sind auf den ersten Blick dunkler als andere. Bei genauerer Betrachtung erkennt man, dass sie einen mehr oder weniger großen Anteil schwarzer Haare haben. Diese „darksable" Hunde tragen zusätzlich zum dominanten Zobel-Gen entweder das Tricolor- oder das Bicolor-Gen in sich. Dies bewirkt eine Schwarzschattierung verschiedener Fellpartien an Kopf, Rumpf und Rute. Bei den meisten Shelties dieser kontrastreichen Fellfarbe wird der Schwarzanteil mit dem Alter immer größer.

Shelties, die von ihren Eltern ausschließlich das Zobel-Gen geerbt haben, sind sogenannte „goldsable" Shelties. Ihr Fell hat meist nur einen geringen Schwarzanteil.

Zwei zobelfarbene Rüden – Vater und Sohn: Die Ähnlichkeit ist unverkennbar.

Dieser Sheltie gehört zu den dunkleren zobelfarbenen Hunden.

*Die dunkle Zeichnung um die Augen beim Welpen wird auch als „Schweißerbrille"
bezeichnet.*

Viele zobelfarbene Welpen haben eine dunkle „Brille", einen
Strich um die Augen wie ein Wasch-
bär und einen Strich im äußeren
Augenwinkel. Dieses niedliche De-
tail verschwindet mit dem Heranwachsen.

Die meisten zobelfarbenen
Shelties haben als Erwachsene ein
„Käppchen" auf: die sogenannte
„widows cap", eine dunklere Fell-
partie, die sich wie eine Mütze über
den Kopf zieht mit einer Spitze zwischen den Augen.

Tricolor

Tricolor Shelties sind „dreifarbig"
– schwarz, weiß und tan (tan ist
„braun").

Das Tricolor-Gen ist rezessiv gegenüber dem Zobel-Gen und tritt

*Das symmetrische „widows cap" kommt
bei den meisten zobelfarbenen Shelties vor.* **25**

Die Farbe Tricolor wird rezessiv vererbt.

nur dann phänotypisch in Erscheinung, wenn der Hund reinerbig (homozygot) für Tricolor ist, also von Vater und Mutter das Tricolor-Gen ererbt hat. Es ist bei diesen Hunden kein Gen für Zobel vorhanden. Zwei tricolorfarbene Shelties können keine zobelfarbenen Welpen hervorbringen.

Wie bei den anderen Farbschlägen variiert der Weißanteil stark, auch das Tan ist individuell unterschiedlich in der Tönung und reicht vom kräftigen Mahagoni bis zum hellen, fahlen Braunton. Tricolor Shelties dürfen in der Zucht mit jeder anderen Farbe verpaart werden.

Bei diesem Tricolor-Rüden ist der Weißanteil hoch.

Der Rotstich

Bei Tricolor Shelties kommt es manchmal zu einem Rotstich im Fell, auch Blue Merle Hunde können einen rötlichen, „rostigen" Farbton annehmen. Vermutet werden verschiedene Ursachen: Starke Sonneneinstrahlung kann das Pigment verändern, ebenso wie die natürliche Alterung des Haares zu einer Rötlichfärbung der Haarspitzen führen kann. Auch Karotin im Futter (Möhre, Tomate) steht im Verdacht, die Haare zu „färben".

Nach neuen Erkenntnissen kann ein Mangel an Tyrosin Ursache für die Rotfärbung sein. In diesem Fall ist eine Umstellung auf tyrosinreiche Nahrung sinnvoll. Besonders viel Tyrosin ist in Fleisch enthalten, auch Quark liefert viel Tyrosin. Getreide erreicht je nach Sorte 30 bis 50 Prozent des Tyrosingehaltes von Fleisch.

Rötliche Haare, die sich in der Phase kurz vor dem Ausfallen befinden, werden durch diätetische Maßnahmen allerdings nicht mehr schwarz. Wenn Sie rötliche Verfärbungen des weißen Fells an den Pfoten ihres Hundes beobachten, entsteht dies meist durch häufiges Belecken. Im Speichel und auch der Tränenflüssigkeit des Hundes befinden sich Stoffe, die zu dieser Verfärbung führen. In diesem Fall sollten Sie abklären, ob es einen Grund für das verstärkte Belecken der Pfoten gibt (Fremdkörper, Juckreiz, Schmerzen).

Schwarz-Weiß

In den letzten Jahren steigt die Anzahl der schwarz-weißen Shelties in Deutschland. Die auch als Bi Black bezeichnete Farbe wird auch rezessiv vererbt. Bei diesen Shelties ist wie beim Tricolor der Weißanteil sehr variabel und reicht von Hunden mit hohem Weißanteil bis hin zu fast reinschwarzen Tieren.

Die Anzahl der schwarz-weißen Shelties steigt stetig.

Ein prächtiger Blue Merle Rüde.

Blue Merle

Blue Merle ist genetisch betrachtet keine Farbe, sondern es handelt sich bei den „Blauen" um Tricolor Shelties, die ein Farbverdünnungsgen in sich tragen. Dieses Gen bewirkt eine teilweise Aufhellung des schwarzen Fells, wodurch die charakteristische silbrigblaue Sprenkelung zustande kommt. Welche Fellpartien aufgehellt werden und wo das Fell schwarz bleibt, ist zufällig.

Wie bei den vorher beschriebenen Fellfarben gibt es auch beim Blue Merle erhebliche individuelle Unterschiede bei der Tönung und auch bei der Größe der nicht aufgehellten schwarzen Fellpartien.

Blue Merle Shelties können durch das Verdünnungsgen blaue Augen haben. Hier ist alles möglich von winzigen blauen Sprenkeln in nur einem Auge bis hin zu zwei komplett blauen Augen. Die Sehfähigkeit wird dadurch nicht beeinträchtigt.

„Glasauge"

Auch bei nicht-merlefarbenen Shelties können – sehr selten – blaue Augen („Glasaugen") vorkommen. Die Vererbung folgt einem polygenetisch rezessiven Erbgang und ist völlig unabhängig vom Merle-Faktor.

Blinx of Clerwood, ein Tricolor Rüde, der 1927 geboren wurde, hatte ein blaues und ein braunes Auge. Seine Großmutter väterlicherseits war eine Colliehündin. Bei den Collies kamen öfter blaue Augen bei Nicht-Merles vor, der Standard erlaubte dies ausdrücklich. Schäfer bevorzugten die Hunde mit den blauen Augen, da diese angeblich im Alter nicht erblinden.

Die Sehfähigkeit ist, wie beim blauen Auge aufgrund des Merle-Faktors, nicht beeinträchtigt. Blaue Augen beim nicht-merlefarbenen Sheltie sind allerdings ein zuchtausschließendes Kriterium.

Auch bei zobelfarbenen Shelties können blaue Augen vorkommen.

Blue Merle gehört nicht zu den ursprünglichen Sheltiefarben, sondern entstand durch Einkreuzen von Blue Merle Collies. 1928 wurde der erste Blue Merle Sheltie ins Zuchtbuch eingetragen.

In ihrem Buch bedauert die Autorin Margaret Osborne, dass die Farbe „Merle" genannt wird:

„Es ist sehr schade, dass der ursprüngliche Name der Farbe, „marled", in die Bezeichnung geändert wurde, die wir heute benutzen, denn „marle", eine Kurzform des Wortes „marbled", beschreibt ganz genau die erwünschte Zeichnung. Ein „merle" hingegen ist eine Amsel!"

Als „marled" werden noch heute Stoffe bezeichnet, die aus verschiedenfarbigen Garnen hergestellt werden, im Deutschen sagt man dazu meliert. „Merle" heißt übersetzt „Amsel".

Blue Merle ohne Tan (Bi Blue)

Diese Farbe bezeichnet einen schwarz-weißen Hund, der das Merle-Gen in sich trägt. Ebenso wie beim Blue Merle mit Tan gibt es starke individuelle Farbunterschiede. Bi blue wirkt aber durch das fehlende warme Braun deutlich „kälter". Dieser Eindruck wird durch blaue Augen noch verstärkt.

Beim Sheltie der Farbe Bi Blue fehlt das Fell mit dem warmen Braunton.

Merle x Merle – nicht erlaubt

Hin und wieder liest man von gesundheitlichen Störungen und Missbildungen bei merlefarbenen Hunde. Diese kommen ausschließlich durch die Verpaarung zweier merlefarbener Hunde vor, was in Deutschland verboten ist.

Die Zuchtrichtlinien des VDH schreiben in Einklang mit dem deutschen Tierschutzgesetz vor, dass Blue Merle Shelties nicht miteinander, sondern ausschließlich mit Tricolor oder Bi Black Shelties verpaart werden dürfen.

So wird sichergestellt, dass keine hinsichtlich des Merle-Faktors reinerbigen Welpen geboren werden, denn diese „Double Merles" können schwerste Erbschäden wie zum Beispiel Taubheit und Blindheit aufweisen.

Blue Merle Shelties dürfen innerhalb des VDH auch nicht mit zobelfarbenen Shelties verpaart werden, denn diese Verpaarung bringt Zobel-

Merle Shelties hervor. Zobel-Merle ist oft schwer zu erkennen. Durch das Verbot der Zucht dieser Farbe wird das ungewollte Entstehen von reinerbigen, möglicherweise schwer kranken Double Merle Shelties verhindert.

Double Merle Hunde sind fast ganz weiß. Leider werden immer wieder Double Merle Shelties geboren aus Unwissenheit von „Liebhaberzüchtern", die „nur einmal Welpen" haben möchten. Mancher verpaart aber auch bewusst zwei merlefarbene Hunde, um die weiße Fellfarbe oder ein besonders schönes Blau bei der weiteren Nachzucht zu erzielen.

Die Zucht von merlefarbenen Shelties unterliegt strengen Richtlinien.

Mittlerweile gibt es einen Gentest, mit dem man feststellen kann, ob ein Sheltie das Merle-Gen trägt. Anwenden kann man diesen Test auch bei Hunden, von denen man vermutet, dass es sich um einen „Cryptic Merle" handelt. Cryptic Merles sind merlefarbene Hunde, bei denen die Aufhellung des Fells nur sehr gering ist (einzelne Haare zum Beispiel an den Ohren) und die darum optisch als Tricolor erscheinen.

Schwarz mit Loh

Schwarz mit Loh wird als Farbe noch im Standard aufgeführt, kommt aber bei den heutigen Shelties nicht mehr vor. Margaret Osborne schreibt in ihrem Buch, dass seit 1937 kein Sheltie dieser Farbe mehr auftrat.

Fehlfarben

Neben den im Standard aufgeführten Farben gibt es beim Sheltie verschiedene Fehlfarben. Am häufigsten sind die Weißschecken oder auch „Colour Headed White" (CHW) Shelties, die in der Decke mehr oder weniger große weiße Fellbereiche aufweisen. Der Kopfbereich ist bei diesen Hunden immer farbig. In extremen Fällen ist der Körper fast komplett weiß. CHW Shelties entstehen aus der Verpaarung zweier weißfaktorierter Elterntiere und da der Weißfaktor nicht immer äußerlich zu erkennen ist, fallen auch in seriösen Zwingern hin und wieder Weißschecken.

Diese Shelties sind im Gegensatz zu den weißen Shelties aus Double Merle Verpaarungen gesund. Laut FCI-Standard sind für den Sheltie weiße Flecken am Körper jedoch höchst unerwünscht.

Das Wesen des Sheltie

Der Sheltie möchte immer bei seinen Menschen sein – auch im Urlaub.

Der Sheltie gehört zu den lernfähigsten Hunderassen der Welt und ist sehr feinfühlig. Wer einen Sheltie sein eigen nennt, hat einen loyalen, fröhlichen und aufmerksamen Begleiter an seiner Seite.

Shelties sind Feinmotoriker, sie bewegen sich sehr kontrolliert und sind weit entfernt von Grobheit und Plumpheit – und darum auch (nicht nur!) hervorragend für Familien mit Kindern und alten Menschen geeignet, mit denen sie behutsam umgehen. Diese Eigenschaft macht viele Shelties auch zu guten Therapiehunden – was aber nicht heißt, dass sie nicht wild herumtoben können.

Grundzüge des Sheltiecharakters

Shelties neigen nicht zum Streunen und nur selten gibt es Streitereien mit anderen Hunden. Sie sind aber keine Wunderhunde, sondern haben, wie jede Rasse, spezielle Wesenszüge, die es zu kennen gilt. Beachtet man diese wenigen Besonderheiten, findet man im Sheltie einen idealen Begleiter.

Shelties sind menschenorientiert

Selbstständigkeit ist dem Sheltie nicht in die Wiege gelegt, und so landete der kleine Hütehund, was diese Eigenschaft betrifft, bei einer Untersuchung auf dem letzten Platz. Eigenständiges Lösen von Problemen gehört nicht zu den Stärken der Shelties. Man führt das auf die Tatsache zurück, dass Hütehunde züchterisch auf die Eigenschaft selektiert werden, sich am Menschen zu orientieren. Selbstständiges Handeln ist weniger erwünscht.

Auch im Alltag zeigt sich bei vielen Shelties ein ähnliches Verhaltensmuster. Beim Gassigang schauen sich die meisten Shelties häufig nach ihren Menschen um und richten ihr Verhalten nach dem, was sie beobachten.

Ihre hohe Intelligenz und scharfe Beobachtungsgabe kommt ihnen dabei zugute, stellt den Menschen aber mitunter vor Herausforderungen, da unerwünschtes Verhalten genauso rasch erlernt wird wie erwünschtes.

Schon als Welpen sind Shelties aufmerksam und feinfühlig.

Unsicherheit oder gar Angst des Besitzers bei Begegnungen mit fremden Hunden beispielsweise bemerkt der ohnehin nicht zum Draufgängertum neigende Sheltie schnell und erlernt so möglicherweise, sich selbst vor anderen Hunden zu fürchten.

Besonders während des Heranwachsens braucht der Sheltie darum unbedingt den Menschen als ruhigen, souveränen „Chef", der ihm Sicherheit und Stabilität vermittelt.

Shelties sind sensibel

Der feinfühlige Sheltie reagiert stark auf seine Umwelt, jede Veränderung wird registriert, jede Erfahrung kann durch Lernprozesse zu einer Verhaltensänderung führen.

Viele Shelties sind sehr sensibel für Stimmungsschwankungen ihrer Menschen. So können zum Beispiel laute Diskussionen mit entsprechenden körpersprachlichen Signalen die Tiere stark verunsichern.

Etliche Shelties sind geräuschempfindlich und leiden sehr unter Gewittern, dem Silvesterfeuerwerk und anderen lauten Geräuschen. Bei manchen zeigt sich dieses Verhalten bereits im Welpenalter, andere entwickeln die Angst vor Geräuschen erst als Erwachsene, ohne dass ein konkreter Auslöser erkennbar ist.

Mitunter können diese Hunde durch Desensibilisierung wieder an Lärm gewöhnt werden. Es gibt spezielle Geräusch-CDs, die dabei helfen. Mittel aus der Homöopathie und der Pflanzenheilkunde haben sich eben-

33

falls als wirksam erwiesen. Bedauern und trösten Sie Ihren Sheltie nicht, wenn er sich fürchtet, sondern strahlen Sie Ruhe aus. Verhalten Sie sich wie sonst auch und signalisieren Sie so Ihrem Hund: „Es ist alles in Ordnung."

Shelties sind leicht zu erziehen

Der „Will to please" wird vielen Hütehunden nachgesagt, so auch den menschenorientierten Shelties. Sie wollen ihren Besitzern gefallen. Viele erziehen sich „fast von selbst", da sie ihre Bezugspersonen sehr genau beobachten und schon kleine Veränderungen in Gestik, Mimik und Tonfall als Rückmeldung für ihr aktuelles Verhalten wahrnehmen.

Schreien, Schimpfen, Grobheit und so weiter erschrecken die Tiere und sollten daher vermieden werden. Shelties lassen sich hervorragend durch Lob und Belohnung positiv bestärken. Sie sind tatsächlich leicht zu erziehen, da sie sehr rasch lernen – sie lernen allerdings auch solche Dinge schnell, die wir weniger gern sehen.

Shelties bellen gern

Shelties gehören zu den bellfreudigen Rassen. Ursprünglich gehörte das „Melden" zu den Aufgaben der „Toonie Dogs". Diese Arbeit verrichten auch die meisten modernen Shelties noch hervorragend.

Auch beim Spielen wird häufig gebellt.

Die Bellfreudigkeit hat den Vorteil, dass der Sheltiebesitzer zuverlässig Besuch (und sonstige Neuigkeiten) gemeldet bekommt. Lärmempfindliche Nachbarn freuen sich aber meist weniger über die kleinen, aber lauten „Melder". Darum sollte man bereits beim Welpen darauf achten, das Bellen nicht zu fördern, sondern unter Kontrolle zu bringen – oder sich von vornherein für eine ruhigere Rasse entscheiden, die nicht jede Veränderung lautstark kommentieren muss.

Eine geschickte grundsätzliche Vorgehensweise ist es, dem heranwachsenden Hund das Bellen auf Kommando beizubringen und ebenso das „Ruhig". So kann man dem Sheltie in Bell-Situationen verständlich machen, was man von ihm erwartet. Es wird nicht in jeder Situation funktionieren, aber in vielen.

Warum bellt der Sheltie?

Die sensiblen Shelties geraten rasch in Erregung und reagieren mit erhöhter Aufmerksamkeit und Lautäußerung. Dabei ist es egal, ob der Anlass für die Aufregung ein freudiger ist – zum Beispiel dass ein Familienmitglied kommt – oder ein wenig erfreulicher – zum Beispiel die Begegnung mit einem Furcht einflößenden anderen Hund. Ab einem gewissen Erregungsniveau bellen die meisten Shelties.

Die Methode, den bellenden Hund zu ignorieren, ist nur dann Erfolg versprechend, wenn es sich um ein rein aufforderndes Bellen handelt, ohne dass der Sheltie in starker Erregung ist (zum Beispiel Bellen beim Betteln).

Bellt der Hund aus Erregung, nützt Ignorieren nichts, denn dieses Bellen dient auch dem Stressabbau – es schafft dem aufgeregten Hund Erleichterung und wirkt darum selbstbelohnend. Sollte Ihr Hund zu viel bellen, ist der erste Schritt zum Beseitigen des unerwünschten Verhaltens eine genaue Analyse der Bellsituation. Warum bellt der Hund? Danach erarbeitet man eine entsprechend angepasste Strategie zur Problemlösung.

Dem Hund das Bellen zu verbieten oder ihn über aversive Reize (Sprayhalsband, Strafe) „zum Schweigen zu bringen" sollte wirklich nur als allerletztes Mittel, wenn Verhaltenstraining nicht hilft, in Erwägung gezogen werden.

Manche Shelties vokalisieren übrigens so gern, dass sie sogar – ermuntert durch positive Zuwendung – mit Brummen, „Maulen" und allerhand anderen Geräuschen mit ihren Zweibeinern „sprechen". Diese Eigenart verstärkt sich mit zunehmendem Alter des Hundes immer mehr. Ähnliches Verhalten zeigen auch die Collies – es gibt sogar eine Theorie, dass der Name „Collie" sich vom englischen „to call", also „rufen", zoologisch auch „fiepen", ableitet.

Sind Shelties Zwergcollies?

Es gibt Zwergdackel, Zwergpudel, Zwergschnauzer und so weiter – Zwergcollies gibt es aber definitiv nicht. Shelties sind keine klein gezüchteten Collies, sondern verdanken ihre Größe den verschiedenen an der Entstehung des Shetland Sheepdog beteiligten Rassen.

An Temperament und Agilität übertreffen die meisten Shelties ihre großen Vettern. Der Collie, so steht es im Standard, „stellt einen Hund von großer Schönheit mit gelassener Würde dar."

Die „gelassene Würde" suchen wir bei den meisten Shelties wohl eher vergeblich! Dafür verfügen sie über ihre eigenen Vorzüge: wachsam, sanft, intelligent, kräftig und lebhaft. Unter das „lebhaft" kann man für die meisten Shelties einen dicken Strich ziehen.

35

Die etwas größeren Shelties wie diese Hündin werden bei uns häufig mit einem Collie verwechselt.

Ein Sheltie bleibt selten allein

Gegenüber anderen Rassen, besonders solchen, die groß und grob in ihren Bewegungen sind, verhalten sich Shelties oft reserviert. Andere Shelties hingegen werden meist sehr freudig begrüßt, sodass mancher Einzel-Sheltiehalter zur Überzeugung gelangt, sein Sheltie braucht einen Kameraden. Tatsächlich kann ein Mensch, so eng die Beziehung zum Hund auch sein mag, den vierbeinigen Partner nicht ersetzen.

Es spricht nur wenig dagegen, sich zu seinem Sheltie einen zweiten zu holen. Wo ein Sheltie Platz hat, reicht es in der Regel auch für zwei.

Wer sich direkt für ein „Welpenpärchen" entscheidet, muss in der Anfangszeit mit doppeltem Zeitaufwand rechnen, da jeder der Hunde für sich erzogen werden sollte. Missverständnisse sind trotzdem unvermeidlich: Lobt man den einen Welpen für sein braves Verhalten, knabbert der andere womöglich gerade unbemerkt am Tischbein – und denkt, das Lob gilt ihm. Bei zwei Welpen ist eine Menge Aufmerksamkeit nötig, will man keine Fehler machen. Bei gleich alten Hunden kann es zudem später eher zu Rangordnungsstreitereien kommen.

Einfacher ist es, sich zunächst einen einzelnen Sheltie zu holen und diesen gut zu erziehen. Kommt später ein Welpe dazu, wird sich der Kleine nicht nur am Menschen, sondern auch gern am „großen" Sheltievorbild orientieren. Mit einem Altersabstand von ein bis zwei Jahren ist man gut beraten, selbstverständlich abhängig vom Erziehungsstand des Ersthundes. Aber auch alte Hunde blühen oft auf, wenn sie einen jungen vierbei-

Bei diesen beiden Shelties beträgt der Altersabstand eineinhalb Jahre.

nigen Partner bekommen. Da beim gesunden Sheltie von Kastration abzuraten ist, sollte man sich für gleichgeschlechtliche Hunde entscheiden.

Jagen Shelties?

Betrachtet man Jagen als komplette Sequenzabfolge von Beute orten – fixieren – anpirschen – hetzen – packen/schütteln – töten – zerreißen – fressen, jagen Shelties nicht. Sehr wohl aber haben viele Shelties (wie andere Hunde auch) die ersten vier Handlungsabschnitte in ihrem Verhaltensrepertoire. Sie beschränken sich dabei nicht auf Wild, sondern verfolgen allgemein bewegte Objekte, ob dies nun ein Hase ist, ein Jogger, ein Auto oder etwas anderes, was sich rasch bewegt.

Was Shelties im Vergleich zu anderen (Jagd-)Hunderassen nicht tun, ist das aktive Suchen von Wild – zumindest solange sie nicht gelernt haben, dass am Ende der Geruchsspur eine Katze oder ein ähnliches Tier sitzt, das man aufstöbern und anschließend verfolgen kann.

Das Hetzen erzeugt im Hund durch Hormonausschüttung Glücksgefühle, es handelt sich also um ein selbstbelohnendes Verhalten und ist darum, wenn etabliert, nur schwer zu löschen (ähnlich wie das oben geschilderte Bellen).

Am besten ist es, von vornherein zu verhindern, dass der Welpe und heranwachsende Hund die Erfahrung macht „Hetzen ist toll". Lenken Sie Ihren jungen Hund ab, sobald Sie bemerken, dass er in eine bestimmte Richtung blickt, dort etwas intensiv betrachtet und fixiert. Ihr Hund wird **37** sich dabei aufrecht hinstellen, den Hals etwas recken, die Ohren nach vorn richten. Ziehen Sie dann sofort seine Aufmerksamkeit auf sich und beschäftigen ihn mit etwas anderem (Spiel). Achtung, das Zeitfenster ist sehr klein. Vom Orten eines potenziellen Hetzobjektes bis zum Losspurten vergeht oft nur ein Augenblick. Ist der Hund erst einmal am Hetzen, kann es sein, dass er nicht mehr auf Rufe reagiert. Leider haben schon viele Shelties ihre Leidenschaft für bewegte Dinge (Auto, Traktoren und so weiter) mit dem Leben bezahlen müssen.

Sollte Ihr junger Sheltie zum Hetzen neigen, sichern Sie ihn an der Schleppleine, um weitere positive Hetzerlebnisse zu verhindern. Schulen Sie Ihr Auge, um den Beginn der Jagdsequenz rechtzeitig zu bemerken und eingreifen zu können, und beobachten Sie Ihren Hund stets gut. Ein Sheltie, der während der Jugend keine Jagderfahrung sammelt, wird höchstwahrscheinlich als erwachsener Hund wenig Jagdambition haben.

Sind Shelties nervös?

Der Standard fordert vom Sheltie, „niemals nervös" zu sein. Auch wenn die meisten Shelties heute recht robuster Natur sind und viele nicht mehr die im Standard beschriebene Reserviertheit gegen Fremde zeigen, sollte man die sensiblen Hunde nicht überfordern.

Gerade in der Jugend wird so mancher temperamentvolle Sheltie von seinem Halter zu viel beschäftigt, im Bestreben, den lebhaften Hund „auszupowern" – oder auch, um maximale Leistung und Erfolge in der Ausbildung zu erzielen.

Ein Hund, der ständig „in Action" ist und der von Umweltreizen überflutet wird, gerät auf ein hohes Stressniveau, von dem er kaum mehr

Im richtigen Maß betrieben ist Agility für viele Shelties der ideale Sport.

Der Stofftunnel kommt schon bei den Jüngsten gut an.

herunterkommt. Der so überforderte Hund wirkt aufgedreht und findet keine Ruhe. Die Menschen interpretieren das Verhalten als Spiellust und Temperament und fordern den Hund noch weiter. Eine Art Teufelskreis beginnt.

Natürlich muss der heranwachsende Hund viel Neues kennenlernen, Stress erleben und tolerieren, doch es gilt wie überall, das rechte Maß zu finden und das Tier nicht zu überfordern.

Der junge Hund soll auch lernen, Ruhe zu halten. Gehen Sie daher nicht auf jede Spielaufforderung ein, auch wenn es verlockend ist, und verordnen Sie dem Temperamentsbündel zwischendurch öfter „Auszeiten" – wenn nötig in seinem Zimmerauslauf.

Für wen eignet sich der Sheltie?

„Einmannhund" oder Familienhund

Aufgrund ihrer leichten Erziehbarkeit, ihres fröhlichen Wesens und auch ihrer „handlichen" Größe eignen sich Shelties sehr gut als Familienhunde. Viele binden sich allerdings besonders stark an ein einzelnes Familienmitglied. Möchten Sie dies vermeiden, sollten Sie beim Einzug Ihres Sheltiewelpen darauf achten, dass alle Familienmitglieder sich mit dem munteren Neuzugang beschäftigen.

Wenn Sie Ihren Sheltie später gelegentlich einer anderen Person zur Betreuung überlassen wollen, machen Sie bereits den Welpen mit diesem Menschen und der Trennungssituation vertraut.

39

Shelties und Kinder

Shelties, die mit Kindern aufwachsen, fühlen sich oft „zuständig"für den menschlichen Nachwuchs. Gern werden die Kinder gehütet und häufig wird „überwacht", was diese machen. Dabei sind Shelties meist sehr behutsam und vorsichtig, mitunter bricht aber der Hütetrieb durch und der Sheltie zwickt das laufende Kind in die Waden. Shelties sind nicht „von Natur aus" kinderlieb. Grobe, rücksichtslose Behandlung, egal, ob durch Kinder oder Erwachsene, nimmt ein Sheltie wie jeder Hund übel und zieht sich zurück. Lassen Sie nie Kinder und Hund miteinander allein. Wenn Kinder liebevoll und verständig mit ihrem Sheltie umgehen, werden beide aber meistens rasch ein Herz und eine Seele.

Wenn Kinder einfühlsam mit dem Welpen umgehen, werden beide später bestimmt ein „Dreamteam".

Shelties und ältere Menschen

Aktive Senioren können einem Sheltie ein hervorragendes Zuhause bieten. Shelties freuen sich über viel menschliche Zuwendung. Kommen dann noch regelmäßige Spaziergänge und ein wenig Beschäftigung dazu, wird der Sheltie zum perfekten Begleiter auch für ältere Menschen. Vielleicht sollte man aber, wenn man selbst nicht mehr auf allzu viel „Action" aus ist, nicht gerade den spritzigsten Welpen aus dem Wurf auswählen. Shelties im ersten Lebensjahr – manche auch länger – können recht anstrengend sein. Selbst ein „ruhiger" Sheltie bietet im Vergleich zu vielen anderen Rassen noch ein Feuerwerk an Temperament!

> **!** Shelties eignen sich für die verschiedensten Lebensumstände. Sie passen genauso gut in einen ruhigen Haushalt wie zu lebhaften Menschen. Wichtig bei jeder Haltungsform sind die richtige Erziehung – sanft aber konsequent – und die angemessene Beschäftigung. Ein guter Züchter wird Ihnen den Welpen empfehlen, der am besten zu Ihren Lebensumständen passt.

Die richtige Körperpflege

Das Sheltiefell ist lang und üppig, durch die geraden Haare und deren robuste Struktur ist es aber trotzdem pflegeleicht. Gelegentliches gründliches Bürsten reicht in der Regel aus. Der Fellwechsel findet, wie bei anderen Rassen, zweimal jährlich statt, Hündinnen haaren auch in zeitlichem Zusammenhang mit den Läufigkeiten und nach dem Werfen.

Auf Spaziergängen in Feld und Wald sammeln sich besonders bei den üppiger behaarten Rassevertretern diverse Ästchen, Blätter, Grannen und Kletten im Fell. Besonders die Grannen sind tückisch, denn sie gelangen oft bis auf die Haut des Hundes und können sich dort einbohren. Mit Grannen in Ohren und Nase ist nicht zu spaßen. Sie können ernsthaften Schaden anrichten und Anlass für einen Tierarztbesuch werden.

> Sheltiehaare sind lang und weich und bohren sich daher nicht in Polstermöbel und Teppiche – ein Vorteil im Vergleich zu kurzhaarigen Rassen.

Bei der Entscheidung für einen Langhaarhund sollte man sich außerdem darüber im Klaren sein, dass man möglicherweise ab und zu Kot aus den üppigen „Hosen" entfernen muss, zum Beispiel bei Verdauungsstörungen, Durchfallerkrankungen oder schlicht deswegen, weil der Sheltie beim Koten auf seine „Hosen" tritt. Um Verschmutzungen ein wenig vorzubeugen, kürzen viele Sheltiehalter ihren Hunden das Fell um sowie unterhalb des Afters.

Beim Rüden kann es vorkommen, dass er sich beim Markieren das Bauchfell verschmutzt, dann kann man mit der Schere das Fell am Penis und am Bauch kürzen.

Sollten Sie ihren Sheltie ausstellen wollen, achten Sie darauf, dass Sie nicht die Silhouette durch zu starkes Einkürzen der Haare zerstören.

Zecken und Flöhe können sich im dichten Sheltiefell leicht verstecken. Vor allem die Zecken können Erkrankungen übertragen.

Die meisten Sheltiehalter bürsten ihre Hunde etwa alle zwei Wochen, je nach Fellbeschaffenheit. In Zeiten des Fellwechsels kann häufigeres Bürsten notwendig werden. Unter der sich lösenden Unterwolle können Schuppen und Hautreizungen entstehen. Ein Bad im Fellwechsel beschleunigt das Lösen der Unterwolle.

Manche kastrierten Shelties entwickeln ein sehr dichtes, weiches Fell, das zum Verfilzen neigt und sehr pflegeaufwendig ist.

Baden

Regelmäßiges Baden ist bei Shelties nicht erforderlich. Meist wird ein Bad nur zu bestimmten Anlässen fällig, zum Beispiel vor einer Ausstellung, beim Fellwechsel oder bei besonders starker Verschmutzung.

Nach einem Spaziergang in der freien Natur kann sich in dem üppigen Fell so manch unliebsamer Gast verstecken.

Es gibt spezielle rückfettende Shampoos für langhaarige Hunderassen, die verhindern, dass das Haarkleid des Hundes zu trocken wird und Glanz verliert. Haben Sie kein Spezialshampoo zur Hand, können Sie auch ein mildes Menschenshampoo (zum Beispiel Babyshampoo) verwenden. Achtung, stark reinigende Shampoos nehmen dem Fell das natürliche Fett und somit den Nässeschutz, außerdem verschmutzt das Fell schneller.

Geben Sie das Shampoo nicht direkt ins Fell, sondern verdünnen Sie es vorher mit Wasser. Brausen Sie den Hund zunächst mit warmem Wasser ab (den Kopf dabei auslassen) und geben erst dann die Wasser-Shampoo-Mischung aufs Fell, so bilden sich keine „Shampoonester". Arbeiten Sie anschließend das Shampoo gut ins Fell ein und spülen Sie es gründlich aus.

!

Tipp

Sollte Ihr Hund sich in etwas intensiv Riechendem gewälzt haben, können Sie nach dem Shampoonieren und Abspülen stark verdünnten Apfelessig als Spülung verwenden (3 Esslöffel Essig auf einen halben Liter Wasser). Apfelessig eignet sich generell gut, um Gerüche am Hund zu entfernen, außerdem wirkt der Essig reinigend und entfernt Rückstände aus dem Fell.

Stellen Sie sicher, dass Ihr Sheltie nach dem Baden völlig trocken wird! Im Sommer trocknet das Fell nach gründlichem Frottieren meist ohne Hilfe in wenigen Stunden. Bürsten Sie den Hund während des Trocknens durch, um die feuchte Unterwolle zu lockern und das Trocknen zu beschleunigen.

> An alle erforderlichen Handgriffe für die Fell- und Körperpflege sollte schon der Welpe gewöhnt werden.

Haben Sie einen Sheltie mit besonders üppigem Fell oder fällt das Bad auf einen kühlen Tag, sollten Sie Ihren Hund trocken föhnen. So vermeiden Sie, dass er längere Zeit feucht ist, denn die Feuchtigkeit begünstigt Erkältungen und kann Hautkrankheiten Vorschub leisten – im feuchtwarmen Milieu vermehren sich Keime besonders schnell. Bei Hunden, die nicht richtig trocken werden, können sich in der Unterwolle Hefepilze und Bakterien vermehren – der Hund stinkt dann.

Durch Föhnen vermeiden Sie außerdem Locken und Wellen, die sich bei der Lufttrocknung leicht bilden, wenn der Sheltie auf dem Haar liegt. Besonders vor Ausstellungen kann das ärgerlich sein.

Das richtige Handwerkszeug für die Körperpflege

Die richtige Fell- und Körperpflege gelingt am besten mit dem richtigen Handwerkszeug. Im Folgenden sind die passenden Utensilien kurz vorgestellt.

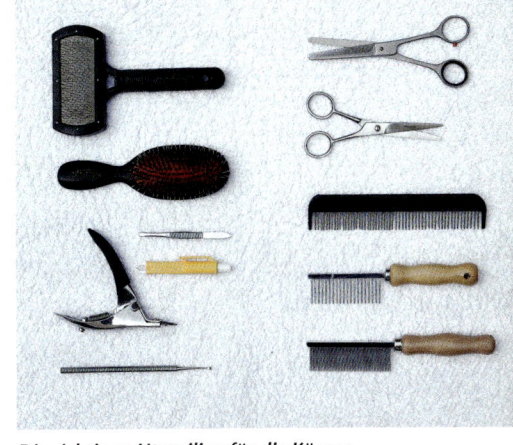

Bürsten und Kämme

Eine **Zupfbürste** hat gekrümmte Drahtborsten. Mit dieser Bürste lässt sich Unterwolle besonders effektiv herausbürsten. Achten Sie beim Kauf darauf, dass die Borsten mit Plastikköpfchen versehen sind. Reines Metall kann die Haut reizen und dem Fell schaden.

Die meisten Sheltieliebhaber schwören vor allem auf die englische **Mason-Pearson-Bürste®**, eine Bürste, die eigentlich für Menschen gedacht ist, sich durch ihre Eigenschaften – flexible Borsten, Naturhaar mit Nylon – auch ausgezeichnet für die Sheltiepflege eignet.

Die richtigen Utensilien für die Körper- und Fellpflege: Linke Reihe von oben nach unten: Zupfbürste, Mason Pearson® Bürste, Pinzette, Zeckenzange, Krallenzange, Zahnsteinschaber. Rechte Reihe von oben nach unten: Effilierschere, Haarschere, Kamm mit rotierenden Zinken, grober Kamm, feiner Kamm.

43

Durch die Flexibilität zupft die Bürste nur wenig. Mittlerweile gibt es auch ähnliche Modelle anderer Hersteller. Diese Bürsten eignen sich sehr gut zur Routinepflege, im Fellwechsel bewährt sich zusätzlich der Einsatz der Zupfbürste, um die lose Unterwolle komplett zu entfernen.

Ebenfalls sehr gut zur Entfernung der Unterwolle geeignet sind **Metallkämme**, hier hat man die Wahl zwischen verschiedenen Abständen der Zinken.

Für das lange Haar am Rumpf benutzt man am besten einen groben Kamm, für das kürzere Fell an den Außenschenkeln und Vorderläufen kann es auch ein feinerer Kamm sein. Für empfindliche Hunde, die das Zupfen nicht mögen, sind Kämme mit rotierenden Zinken empfehlenswert.

Scheren

Das Fell wird an den Ohren, den Pfoten und den Hocken geschnitten, hier wachsen die Haare der meisten Tiere recht lang. Mit der **Effilierschere** kann man die meisten Haarkürzungen vornehmen, ohne Gefahr zu laufen, mit einem Schnitt zu viel Fell wegzunehmen. Die normale **Haarschere** eignet sich gut für das Kürzen des Fells zwischen den Zehen sowie um den After und am Penis.

Pinzette und Zeckenzange

Zum Entfernen von Fremdkörpern und Zecken sollten geeignete Instrumente zur Hand sein. Alternativ zur Zange gibt es zum Entfernen festgesaugter Zecken noch weitere Werkzeuge, zum Beispiel Zeckenhaken und Zeckenkarten.

Krallenzange

Wie die Nägel beim Menschen wachsen auch die Hundekrallen ständig und können brechen, splittern oder abreißen. Kontrollieren Sie regelmäßig die Krallen Ihres Shelties. Sie sollten nicht zu lang werden. Es gibt verschiedene Instrumente zum Krallenschneiden, hier abgebildet ist eine, die wie eine Guillotine arbeitet.

Zahnsteinschaber

Mit einem Zahnsteinschaber aus Metall können Sie sich bildenden Zahnstein entfernen. Am besten lassen Sie sich von einem Fachmann zeigen, wie das geht, denn bei falscher Anwendung können Sie Ihrem Hund Schaden zufügen.

Krallen schneiden

Von der Seite betrachtet sollten die Krallen ein Stück über dem Boden enden. Die Krallen nutzen sich bei vielen Shelties durch die täglichen Gassigänge genug ab, sodass dann kein Schneiden erforderlich ist. Laufen sie allerdings viel auf weichen Waldwegen, kann regelmäßiges Krallenschneiden notwendig sein.

Die Daumenkralle muss man bei fast allen Shelties regelmäßig schneiden, denn diese kann sich nicht durch Bodenkontakt abnutzen. Die Kralle wächst dadurch in einem Bogen immer weiter und stellt, je länger sie wird, ein immer größeres Verletzungsrisiko dar. Dasselbe gilt auch für eventuell vorhandene Wolfskrallen an den Hinterläufen (Afterkrallen). Diese sind beim Sheltie zwar nicht die Regel, kommen aber bei manchen doch vor. Auch die Wolfskrallen müssen gekürzt werden. Sie können dies dem Tierarzt oder einem Hundefriseur überlassen, aber natürlich können Sie auch selbst Hand anlegen.

Benutzen Sie zum Schneiden eine Krallenzange und achten Sie darauf, nicht ins „Leben" zu schneiden. Bei weißen Krallen ist das nicht schwierig, da man die Blutgefäße sieht. Bei schwarzen Krallen braucht es dagegen ein wenig Erfahrung.

Krallenverletzungen bluten stark. Sollte Ihnen das Missgeschick passieren, dass Sie „ins Leben" geschnitten haben, können Sie versuchen, die Blutung zu stillen, indem Sie die Kralle „kratzend" durch ein Stück Seife ziehen. Die Seife verschließt die offene Stelle. In Drogerien gibt es außerdem Blutstiller (Rasurbedarf), mit denen auch eine Krallenblutung zum Stillstand gebracht werden kann.

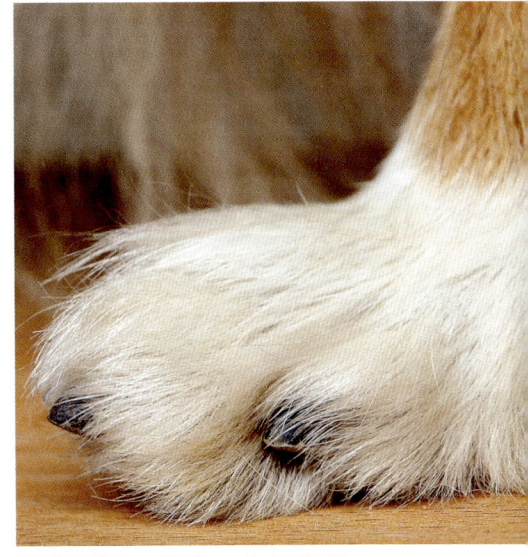

Die korrekte Krallenlänge beim Sheltie.

Krallenbruch

Beim Rennen über Stock und Stein kann es vorkommen, dass Ihr temperamentvoller Sheltie sich an einer Kralle verletzt. Mit einer gesplitterten oder angebrochenen Kralle ist nicht zu spaßen. Wegen der Infektionsgefahr sollten Sie darum einen Tierarzt aufsuchen. In der Regel wird der Arzt die Kralle entfernen. Die meisten Krallen wachsen wieder völlig normal nach.

Zahnpflege

Die meisten Hunde entwickeln früher oder später Zahnstein. Die Art der Fütterung kann, muss aber kein Einflussfaktor sein. Zahnstein bildet eine Brutstätte für Bakterien und kann zu Mundgeruch und Entzündungen des Zahnfleisches führen. Diese Entzündungen wiederum belasten den gesamten Organismus des Tieres. Daher sollte der Zahnsteinbildung vorgebeugt und Zahnbelag regelmäßig entfernt werden. Es gibt hierzu verschiedene Möglichkeiten, zum Beispiel kann man mehrfach in der Woche die Zähne mit einer speziellen Hundezahnbürste und Hundezahnpasta reinigen.

Außerdem kann man den Zahnbelag auch mithilfe von Schlämmkreide (in Apotheken erhältlich), Wasser und Mull entfernen. Rühren Sie dazu eine kleine Menge Schlämmkreide mit etwas Wasser zu einer Paste an. Anschließend tauchen Sie den mit Mull umwickelten Zeigefinger in die Paste und reiben die Zähne Ihres Hundes ab wie beim Zähneputzen. Schlämmkreide ist geschmacksneutral.

Hat sich bereits Zahnstein gebildet, können Sie versuchen, diesen über harte Nahrungsmittel und Kauartikel zu entfernen. Sehr gut eignen sich Knochen wie zum Beispiel rohe Rinderbrustknochen. Diese sollten so groß sein, dass ihr Hund daran „arbeiten" muss. Sicherheitshalber sollten Sie Ihrem Sheltie den Knochen abnehmen, sobald dieser zu klein und damit schluckbar wird.

Das Zerkauen von rohen Knochen ist ideal für die Zahnreinigung.

Trockenprodukte wie Rinderkopfhautstreifen oder getrocknete Rinderohren (Schweineohren sind sehr fett) können ebenso helfen wie verschiedene im Zoohandel erhältliche speziell für die Zahnpflege entwickelte Kauartikel. Achtung, all diese Kausachen enthalten Kalorien! Beachten Sie das bei der täglichen Fütterung.

Letztendlich können Sie Zahnstein auch mechanisch entfernen, indem Sie einen Zahnsteinentferner aus Metall benutzen.

Üben Sie die Zahnreinigung bereits mit dem Welpen, können Sie später Ihrem erwachsenen Sheltie die Zähne ohne Probleme reinigen und die ansonsten nötige Zahnsteinentfernung unter Narkose durch den Tierarzt umgehen.

Ohrenpflege

Aufgrund der Form der Ohren gibt es bei Shelties relativ selten „Ohrenprobleme", da die Ohren der meisten Shelties mehr oder weniger aufgerichtet sind und daher für ausreichende Belüftung gesorgt ist. Dennoch sollten Sie die Ohren Ihres Hundes regelmäßig auf Verschmutzungen und Fremdkörper hin untersuchen. Entfernen Sie Schmutz vorsichtig mit einem feuchten Wattebausch. Sekrete und Schmutz in den Ohren können unter anderem ein Zeichen für Milbenbefall oder auch Allergien sein.

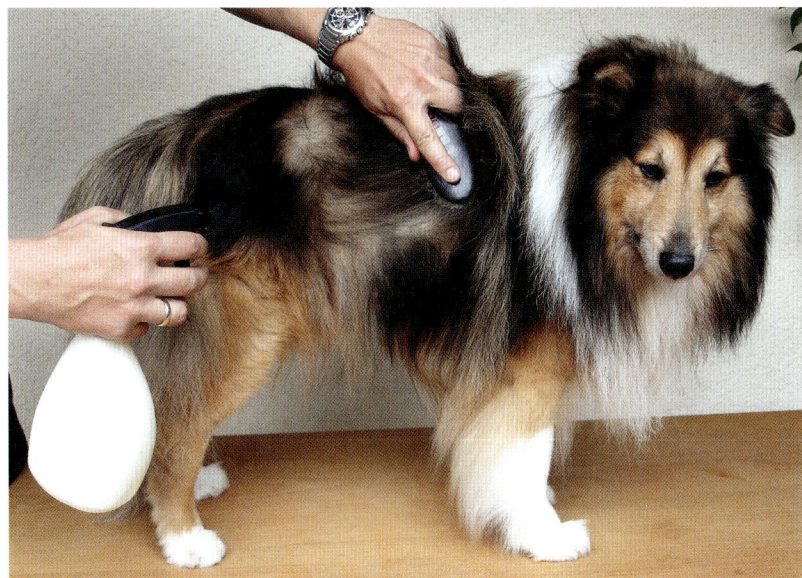

Werden die Haare beim Bürsten angefeuchtet, brechen sie nicht so leicht.

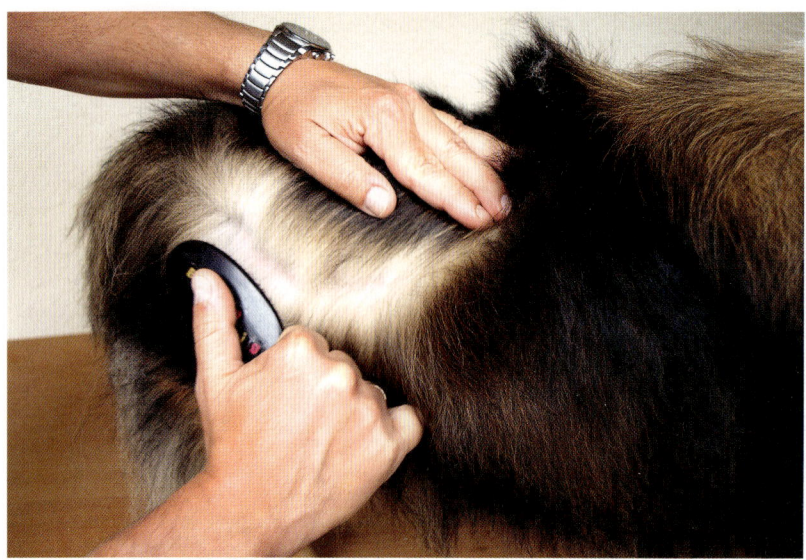

Das Fell wird in Lagen durchgebürstet.

Das „Grooming" des Sheltie

„Grooming" bedeutet schlicht „Fellpflege". Man versteht darunter aber auch das Zurechtmachen eines Hundes über das bloße Säubern und Bürsten hinaus.

Zunächst wird der Hund gegen den Strich gebürstet. Sprühen Sie dabei Wasser ins Fell. Durch die Feuchtigkeit wird Staub gebunden und starkes Herumfliegen der feinen Haare vermieden. Außerdem brechen feuchte Haare nicht so leicht. Manche Züchter schwören auf Regenwasser, andere fügen dem Wasser einige Tropfen Alkohol (zum Beispiel Eau de Toilette) hinzu, um Fett und Verunreinigungen zu entfernen. Achtung, zu viel Alkohol entfettet das Haar und macht es glanzlos und spröde!

Danach wird das komplette Fell lagenweise durchgebürstet („Line Brushing") und gekämmt. Vergessen Sie die „Hosen" und die Rute nicht.

Achten Sie darauf, bis auf die Haut zu bürsten und zu kämmen! Das ist sehr wichtig, um abgestorbenes Haar zu entfernen, und gut für die Haut. Möchten Sie beim Fellwechsel möglichst viel Unterwolle herausnehmen, sind eine Zupfbürste und ein feiner Kamm am effektivsten. Anschließend wird das Fell in Lagen durchgebürstet.

In Zeiten des Fellwechsels löst sich die Unterwolle. Sie muss entfernt werden, sonst kann es zu Hautirritationen kommen. Eine leichte Schuppenbildung beim Fellwechsel, besonders auf der Kruppe, ist nicht ungewöhnlich und verschwindet nach Entfernen der losen Wolle. Während

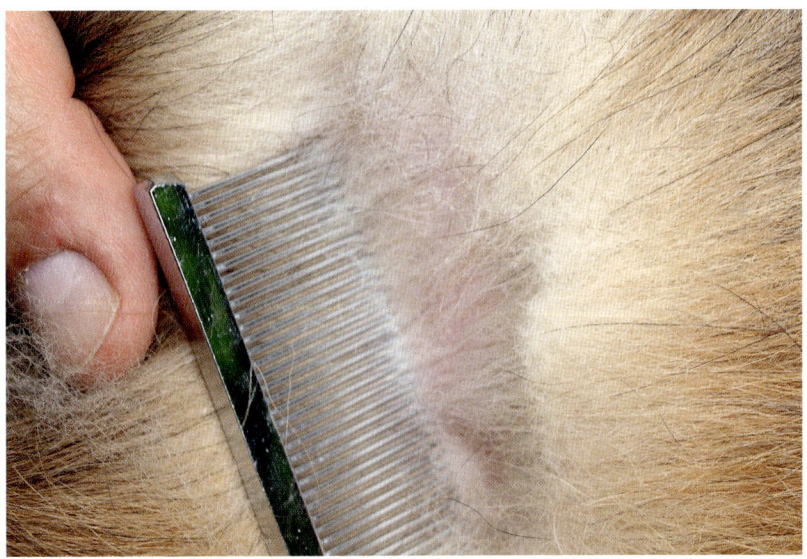

Die lose Unterwolle sollte entfernt werden, um Hautirritationen vorzubeugen.

des Fellwechsels können Sie Ihrem Sheltie Eigelb, Hefeflocken/-tabletten oder Biotinpräparate zufüttern. Eine Zugabe von hochwertigem Öl zum Futter wirkt ebenfalls positiv auf Haut und Fell.

Die Brust wird ebenfalls in Lagen gebürstet.

Besondere Aufmerksamkeit müssen Sie dem weichen Fell hinter den Ohren schenken. In diesem Bereich bilden sich leicht Verfilzungen. Dem können Sie vorbeugen, indem Sie diese Stellen häufig bürsten. Der Einsatz von Mähnenspray, wie man es zur Pflege von Pferden verwendet, ist einen Versuch wert: Das Spray enthält Silikon, das die feinen „fusseligen" Haare ummantelt. So neigen sie weniger zum Verfilzen.

> Bei vielen Shelties bessert sich die Fellstruktur hinter den Ohren mit dem Erwachsenwerden.

Wenn sich bereits Filzknoten gebildet haben, versuchen Sie, diese durch vorsichtiges Bürsten und Auseinanderziehen zu lösen. Ein Schnitt mit der Schere längs in den Knoten hinein erleichtert die Arbeit. Sie können die verfilzten Stellen auch einfach herausschneiden. Bei größeren Filzknoten, die so entfernt werden, entsteht dadurch aber ein „Loch" im Fell – für Hunde, die ausgestellt werden sollen, ist das nicht anzuraten.

Weitere Fellpartien, die zum Verfilzen neigen, sind die Achseln und der Bereich der inneren Oberschenkel. Kontrollieren Sie die Stellen und entfernen Sie die Verfilzungen.

Filzknoten hinter den Ohren werden einfach herausgeschnitten.

An diesem Punkt sind Sie mit der normalen Fellpflege bereits fertig! Möchten Sie gern weitermachen, fahren Sie mit dem Grooming an den Ohren fort.

Erscheinen die Haare nicht verfilzt, sondern strähnig und fettig, kneten Sie Babypuder ein und bürsten es aus. Auf diese Weise trennen Sie die Haare voneinander.

Um der Filzbildung vorzubeugen und für ein gepflegtes Erscheinungsbild zu sorgen, halten Sie die weichen Haare, die sich in der Struktur deutlich vom restlichen Fell unterscheiden und auch viel länger werden, so kurz wie das umgebende Fell.

Bürsten oder kämmen Sie das weichere Fell zum Schneiden nach vorn über die Ohren. Halten Sie Ohr und Fell in der Hand. Schneiden Sie das weiche Haar parallel zur Ohrenkante mit der Effilierschere. Bürsten Sie es wieder zurück und kürzen es weiter, bis die Übergänge zwischen den Fellpartien harmonisch sind.

Kürzen Sie auch die helleren Haare, die im vorderen Ohrbereich wachsen, mit der Effilierschere. Achten Sie darauf, dass keine abgeschnittenen Haare ins Innenohr fallen.

Auf dem Kopf an der inneren Ohrenkante findet sich bei den meisten Shelties ein weiteres Büschel Haare, das Sie kürzen können. Durch Entfernen dieser Haare verändert sich optisch der Ohransatz, er rückt weiter zur Seite. Hier müssen Sie selbst entscheiden, ob das Schneiden dieser Haare Ihrem Hund „steht" oder nicht.

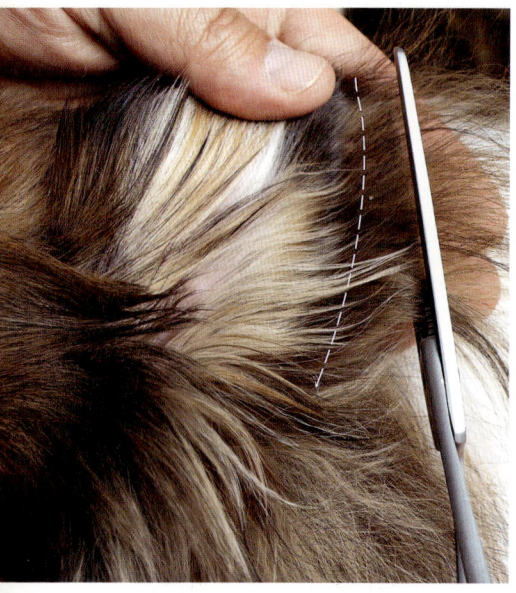

So wird das Fell hinter den Ohren richtig gekürzt.

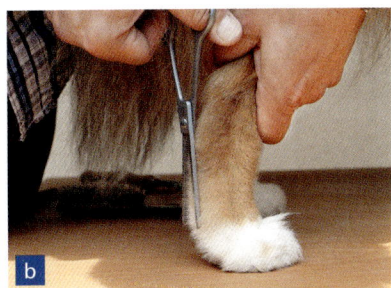

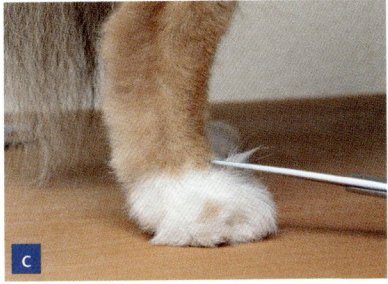

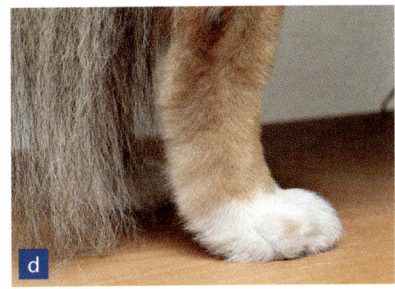

Gehen Sie bei allen Schneidemaßnahmen im Kopfbereich schrittweise vor, um nicht zu viel auf einmal zu entfernen. Wenn Sie Ihren Hund ausstellen möchten, nehmen Sie diese Arbeit mehrere Tage vor der Schau vor.

Bei den Pfoten gibt es einiges zu tun. Kürzen Sie zunächst das Fell zwischen den Zehen (Abb. a).

Die Haare an den Hocken werden geschnitten, am einfachsten geht dies mit einer Effilierschere (Abb. b).

Kämmen Sie die Haare auf der Oberseite der Pfote hoch und kürzen Sie sie (Abb. c).

Entfernen Sie auch die zu langen Haare an den Seiten der Pfoten, damit diese eine schöne Form bekommen (Abb. d).

Der Standard fordert ovale Pfoten. Die unseres vierbeinigen Fotomodells sind etwas zu rund.

Die Sache mit den Ohren

„Klein und am Ansatz mäßig breit, auf dem Schädel ziemlich eng zusammenstehend. Im Ruhezustand werden sie zurückgelegt getragen, im aufmerksamen Zustand werden sie nach vorn gebracht und halbaufrecht, mit nach vorn kippenden Spitzen getragen." So fordert es der Standard. Die Ohrenspitzen sollten nur sanft nach vorn kippen und nicht in einem scharfen Knick.

Idealerweise kippen die Ohrspitzen beim Sheltie nur leicht nach vorn.

Wenn Sie Korrekturen am Ohr vornehmen, achten Sie darauf, dass keine Fremdkörper, Flüssigkeiten oder geschnittene Haare in den Gehörgang geraten.

Die korrekten Ohren tragen sehr viel zum Ausdruck des Sheltie bei. Leider scheinen aber einige Shelties den Standard nicht aufmerksam genug zu lesen, denn Stehohren sind keine Seltenheit. Manche Welpen stellen die Ohren bereits beim Züchter, bei vielen geschieht dies aber während des Zahnwechsels, gelegentlich auch später. Es müssen übrigens nicht beide Ohren stehen, es gibt auch Shelties mit „gemischten Ohren". Bei erwachsenen Hunden ist es praktisch unmöglich, Stehohren dauerhaft zu korrigieren. Allenfalls schafft man es, die Ohren für kurze Zeit zum Kippen zu bringen.

Auch zu schwere Ohren kommen vor, in diesem Fall ist das Ohr zu weit unten gekippt.

Viele Sheltiebesitzer versuchen, das geforderte Kippohr zu erzielen. Geht es nur um das Kippen des Ohres, hat man gute Chancen auf Erfolg. Sind die Ohren allerdings falsch platziert – zum Beispiel zu weit außen angesetzt oder auch zu eng beieinander – wird es natürlich schwierig, dies zu korrigieren.

Zu schwere Ohren

In der Regel wird man versuchen, das Haar am Ohr auszudünnen, um das Gewicht zu reduzieren. Auch das vorsichtige Einreiben mit Franzbranntwein wird empfohlen, ebenso das Massieren der Ohren von unten nach oben. Die Korrektur des zu schweren Ohres ist schwieriger als die des leichten Ohres.

Zu leichte Ohren/Stehohren

Es gibt viele verschiedene Methoden, um das korrekte Kippohr zu erzielen. Eine ist das „Weichmachen" des Ohrs mit einer stark fetthaltigen Creme. Hierzu massiert man etwas Creme (oder auch Vaseline, Babyöl, Jojobaöl oder Ähnliches) in das obere Drittel des Leders der Ohrspitze. Behandeln Sie Innen- und Außenseite des Ohrs. Anschließend sollte man Baby- oder Kosmetikpuder auftragen. Das Fett hält das Ohr geschmeidig, durch das Puder erfolgt eine zusätzliche Beschwerung und die Creme reibt sich nicht so leicht ab. Massieren Sie mehrmals täglich das Ohr in die gewünschte Kippform.

Eine weitere Methode ist die Anwendung von Enelbin-Paste®. Man erhält diese Paste, die wärmend und durchblutungsfördernd ist und gegen rheumatische Beschwerden beim Menschen wirkt, rezeptfrei in der Apotheke. Für den Einsatz am Sheltieohr lässt man eine kleine Menge der Salbe an der Luft trocknen. Wenn man es eilig hat, kann man sie auch mit Babypuder verkneten, bis eine weiche, kaugummiähnliche Konsistenz erreicht ist. Diese bringt man in das Fell im oberen Drittel der inneren Ohrenspitze ein. Je mehr Haare man in die Masse einarbeitet, umso besser hält sie. Abschließend mit Puder abdecken. Die Paste hat den Vorteil, dass sie wasserlöslich ist und rückstandslos ausgewaschen werden kann.

Stehohren kommen bei Shelties immer wieder vor.

Auch das bloße Beschweren des Ohrs durch eingeklebte Gewichte ist möglich. Es werden die verschiedensten Materialien zum Einsatz gebracht, Kaugummi klebt zwar gut und hält lange im Fell, lässt sich aber kaum entfernen und ist daher nicht zu empfehlen.

Knetbare Klebepads verschiedener Hersteller kann man ebenfalls verwenden. Diese kleben nicht so hartnäckig wie Kaugummi, sind aber ebenfalls nicht wasserlöslich und „verschwinden" daher nicht

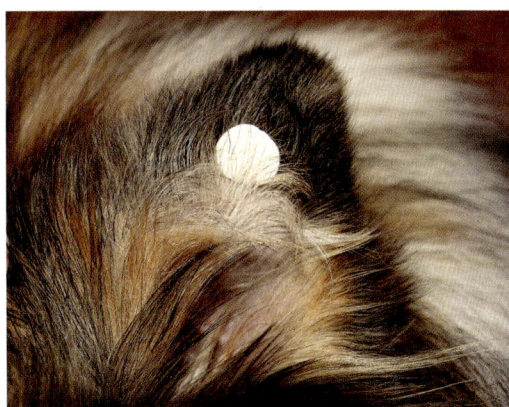

Das Beschweren der Ohren erfolgt mit einem kleinen Stück klebriger Masse und ist völlig unschädlich.

bei Regenspaziergängen. Verwenden Sie so viel Masse, bis das Ohr wie gewünscht kippt. Alle hellen Klebemassen können mit farblich passendem wasserfestem Filzstift kaschiert werden.

Inwieweit das bloße Beschweren der Ohren zum Erfolg führt, ist umstritten. Einige Sheltiekenner argumentieren, dass durch die Gewichte die Ohrmuskulatur erst recht gestärkt und das Ohr so zum Stehen gebracht würde. Andere sind mit dieser Methode erfolgreich. Hat der Hund sehr starken Fellwuchs am Ohr – wie auf dem Foto – kann man zusätzlich die Haare an der Ohrbasis kürzen, damit sie das Ohr nicht „stützen". Bei leichten Ohren keinesfalls Haare im oberen Ohrbereich entfernen!

53

Diese Shelties haben die gewünschten Kippohren.

Besonders in den USA kommen weitere mechanische Methoden zum Einsatz, meist werden den Welpen die Ohren mittels einer Pappschiene auf dem Kopf fixiert und heruntergeklebt. Anleitungen zu dieser Methode finden sich in amerikanischen Sheltiebüchern und im Internet.

Wie weit man gehen möchte, um das standardgemäße Kippohr zu erhalten, bleibt jedem selbst überlassen. Das Eincremen und das Beschweren des Ohrs stört die Hunde nicht, Methoden, bei denen die Ohrspitze fest mit dem Kopfhaar verklebt wird, sind den Tieren aber eher lästig.

Viele Hundefreunde finden ihren Sheltie jedoch auch mit pfiffigen Stehohren schön und verzichten auf jede Manipulation.

Züchterisch gesehen ist ein Korrigieren des Ohrs nur eine äußere Veränderung. Genetisch gesehen bleibt der Sheltie trotzdem ein Sheltie mit zu leichten Ohren oder Stehohren.

Allerdings werden viele Züchter bereits bei den ersten Anzeichen eines Stehohres aktiv, sodass man meist nicht mit Sicherheit sagen kann, ob der Hund nicht doch noch natürliche Kippohren bekommen hätte. Auf Ausstellungen haben Hunde mit Stehohren keine Chance, auf einen der vorderen Plätze zu kommen, auch wenn sie ansonsten vorzüglich sind, und müssen mit einer schlechteren Bewertung rechnen. Eine Abwertung erfolgt auch dann, wenn der Richter Manipulation feststellt, zum Beispiel ausgerissenes Haar an der Ohrenspitze. Wie sich Stehohren oder Kippohren vererben, ist bisher nicht bekannt.

Gesundheitsvorsorge und mögliche Erkrankungen

Der Sheltie gehört zu den Rassen, bei denen erblich bedingte gesundheitliche Beeinträchtigungen vergleichsweise selten auftreten. Seriöse Züchter sind bestrebt, durch die Auswahl passender Zuchtpartner Erkrankungen möglichst zu vermeiden. Aber auch bei sorgfältiger Planung und Zucht mit äußerlich gesunden Tieren geschieht es immer wieder, dass Hunde mit Erbkrankheiten belastet sind. Einige Grundbegriffe der Genetik wurden schon im Kapitel der Farbvererbung erklärt und gelten auch für die vererbbaren Krankheiten.

CEA – Collie Eye Anomalie

Die CEA ist, wie der Name schon sagt, typisch für collieartige Hunde und kommt auch beim Sheltie vor. Es handelt sich um eine erblich bedingte Veränderung des Augenhintergrundes, meist eine Unterentwicklung der Aderhaut. Diese Veränderung kann in den meisten Fällen im Welpenalter durch eine augentierärztliche Untersuchung festgestellt werden und verschlechtert sich im Laufe des Hundelebens nicht. Shelties mit leichter CEA sind in ihrem Sehvermögen nicht beeinträchtigt. Für die CEA gibt es einen Gentest, mit dem man herausfinden kann, ob der Hund frei von CEA, Träger der Erkrankung oder betroffen ist.

Es kann durchaus sein, dass gesunde Tiere die Veranlagung für bestimmte Krankheiten vererben.

Genetisch CEA-freie Hunde haben von beiden Elternteilen gesunde Gene vererbt bekommen. Sie haben keine CEA und können diese auch nicht an ihre Nachkommen weitervererben. Sie werden auch als „normal" oder als „CEA +/+" bezeichnet. Ist in der Zucht eines der Elterntiere eines Wurfes genetisch CEA-frei, wird kein Welpe des Wurfes an CEA leiden.

CEA-Träger haben von einem Elternteil ein gesundes, vom anderen ein krankmachendes Gen bekommen. Die augentierärztliche Untersuchung wird „CEA-frei" bescheinigen. CEA-Träger werden genetisch als „carrier" oder auch als „CEA +/-" bezeichnet. Da das gesunde Gen dominant ist, kann sich das krankmachende Gen nicht durchsetzen, sodass ein CEA-Träger phänotypisch gesund ist.

Von CEA befallene Hunde haben von beiden Elternteilen das krankmachende Gen ererbt. Bei ihnen spricht man auch von „affected" oder „CEA -/-". Sie zeigen bei der augentierärztlichen Untersuchung in den meisten Fällen Veränderungen des Augenhintergrundes.

Kolobom

Als Kolobom bezeichnet man eine Ausbuchtung der Netzhaut im Bereich des Sehnervenkopfes bei von CEA befallenen Hunden. Je nach Größe kann es zu einer Beeinträchtigung des Sehvermögens kommen. Ob ein Hund ein Kolobom hat, kann mit einer ophthalmologischen Untersuchung, möglichst im Erwachsenenalter, festgestellt werden.

Genlocus

Die meisten Erbkrankheiten werden rezessiv vererbt, viele sind allerdings durch mehr als ein Gen bestimmt. Diese Gene sitzen auf den beiden zusammengehörenden Chromosomen, und zwar jeweils an einem ganz bestimmten Ort, dem Genort oder „Genlocus". Ist der Genort für ein bestimmtes Merkmal entdeckt, kann ein Gentest durchgeführt werden. Je mehr Gene an der Entstehung einer Merkmalsausprägung oder Erkrankung beteiligt sind, umso schwieriger ist es, diese zu identifizieren und zu testen.

MPP (Membrana pupillaris persistens)

Bis zum Öffnen der Augen bilden sich normalerweise die embryonalen Blutgefäße, die die Linse umgeben, zurück. Bei einem Hund mit MPP ist dies nicht der Fall. Reste dieser Blutgefäße verbleiben auf der Iris oder der Linse. In ausgeprägteren Fällen kann es zu Beeinträchtigung des Sehvermögens kommen.

Distichiasis

Distichien sind feine Härchen, die aus dem Lidrand in Richtung Auge wachsen und das Auge reizen. Der Halter bemerkt dann meist, dass ein oder auch beide Augen des Hundes tränen und gereizt sind. Abhilfe verschafft das Entfernen der Härchen, entweder durch Zupfen oder durch Veröden, in manchen Fällen wirkt sich auch die Verwendung einer Augensalbe positiv aus.

Follikel

Die Follikulose ist eine Bindehautentzündung, die durch die Auseinandersetzung des Immunsystems des heranwachsenden Hundes mit der Umwelt entsteht. Die Augen des Hundes tränen und sind entzündet. Während man früher die vergrößerten Follikel mechanisch entfernte, setzen heute viele Tierärzte auf eine medikamentöse Behandlung.

Die Follikulose ist keine sheltie-typische Erkrankung, sondern kommt bei allen Hunden relativ häufig vor. In der Regel verschwinden die Symptome mit dem Heranwachsen des Tieres.

Dieser Sheltie ist frei von Augenerkrankungen.

MDR1-Defekt

Schon lange ist bekannt, dass Collies, Shelties und in geringerem Umfang auch andere Rassen wie Australian Shepherd, Border Collie, Whippet und Weißer Schäferhund empfindlich auf bestimmte Medikamente reagieren. Besonders der Wirkstoff Ivermectin verursachte in der Vergangenheit Probleme bei einigen (nicht allen) Hunden der genannten Rassen.

Zu Beginn dieses Jahrtausends fand man heraus, dass ein erblicher Gendefekt für diese Überempfindlichkeit verantwortlich ist. Dieser Defekt bewirkt, dass die Blut-Hirn-Schranke der betroffenen Hunde nicht richtig funktioniert, sodass Arzneistoffe ins Gehirn gelangen und dort Vergiftungserscheinungen auslösen können. Diese können so schwer sein, dass das Tier daran stirbt. Seit einigen Jahren gibt es die Möglichkeit, Hunde mittels Gentest auf den MDR1-Defekt hin zu untersuchen. Somit kann sich jeder Halter eines Hundes der betroffenen Rassen Klarheit verschaffen, ob sein Hund diesen Defekt hat. Bei Anwendung von Arzneistoffen wird der behandelnde Tierarzt die Medikamente entsprechend dem MDR1-Status des vierbeinigen Patienten wählen.

Es gibt drei Möglichkeiten:
- ein Hund kann frei vom MDR1-Defekt sein (Genotyp +/+),
- er kann vom Defekt betroffen sein (Genotyp -/-) oder
- er kann Träger des Defektes sein (Genotyp +/-).

Ist der Hund defektfrei (+/+), besteht keine Gefahr der Vergiftung durch MDR1-relevante Wirkstoffe. Hunde, die vom Defekt betroffen sind (-/-), sind empfindlich gegenüber verschiedenen Arzneimitteln (nicht nur Ivermectin) und sollten diese keinesfalls verabreicht bekommen. Beim Genotyp +/- sind Vergiftungen durch MDR1-relevante Stoffe zwar unwahrscheinlich, können aber nach heutigem Stand der Forschung nicht absolut sicher ausgeschlossen werden.

Die überwiegende Mehrheit der Shelties ist defektfrei (+/+) oder Träger des Defektes (+/-). Viele Züchter beachten den Defekt bei ihrer Zuchtplanung und versuchen es zu vermeiden, dass Welpen betroffen sind (-/-).

Ein Hund mit MDR1-Defekt erleidet im Alltag keine Beeinträchtigungen und kann genauso alt werden wie ein defektfreier Sheltie. Der MDR1-Defekt ist keine Erkrankung an sich. Es ist aber wichtig, dass ein vom MDR1-Defekt betroffenes Tier im Krankheitsfall bestimmte Medikamente nicht oder nur in einer angepassten Dosierung erhält.

Da heute die meisten Zuchttiere getestet sind, ist bei vielen Welpen von vornherein klar, ob sie den Defekt haben oder nicht. Gelegentlich gibt es aber auch Verpaarungen, bei denen betroffene Welpen fallen können, oder der Käufer ist im Unklaren über die MDR1-Ergebnisse der Eltern seines Hundes.

In einem solchen Fall pauschal auf MDR1-relevante Medikamente zu verzichten, ist nicht zu empfehlen. Natürlich kann man jeden ungetesteten Sheltie so behandeln wie einen, der vom Defekt betroffen ist – dann muss man allerdings im Fall der Erkrankung in bestimmten Fällen auf das optimal wirksame Medikament verzichten. Bedenken sollte man auch, dass viele Antiparasitika (Wurmkuren, Zecken- und Flohabwehr) bei MDR1-betroffenen Hunden vorsichtig eingesetzt werden müssen.

Sprechen Sie Ihren Tierarzt auf diese Problematik an und versäumen Sie es auch nicht, den MDR1-Status Ihres Hundes im Heimtierausweis zu vermerken.

Im Internet finden Sie auf der Homepage der Justus Liebig Universität Gießen Informationen zum Thema und aktuelle Hinweise auf die problematischen Arzneimittel. Viele Halter MDR1-betroffener Rassen legen dem Heimtierausweis ihres Hundes eine Liste der zu vermeidenden Wirkstoffe bei – eine Maßnahme, die auf Reisen besonders empfehlenswert ist, da die MDR1-Problematik nicht in allen Ländern so bekannt ist wie in Deutschland.

Hüftgelenkdysplasie (HD)

Die Hüftgelenkdysplasie ist eine Fehlbildung des Hüftgelenkes, die bei den meisten Hunderassen auftritt. Es gibt viele unterschiedliche Formen der Missbildung. Meist führt HD über kurz oder lang zu schmerzhafter Arthrosebildung und in vielen Fällen merkt der Halter erst zu diesem Zeitpunkt, dass mit seinem Hund etwas nicht in Ordnung ist: Der Hund hat zum Beispiel Probleme beim Aufstehen, er lahmt, er „kommt schwer in die Gänge", er wird bewegungsunlustig. Eine Röntgenuntersuchung bringt Klarheit, ob eine HD vorliegt.

Eingestuft wird nach dem Schweregrad der Veränderungen im Hüftgelenk in:
A = frei – keinerlei Anzeichen für HD
B = Verdacht – minimale Anzeichen, die von einer perfekten Form abweichen
C = leichte HD
D = mittlere HD
E = schwere HD

Leider gibt es auch bei der Rasse Sheltie Tiere mit Hüftgelenkdysplasie. Zwar werden in den dem VDH angeschlossenen Zuchtvereinen alle Zuchthunde auf HD untersucht und es dürfen nur Shelties mit HD-A oder B, Hündinnen auch mit HD-C, in die Zucht – dennoch gibt es immer wieder Fälle von Hüftgelenkdysplasie.

Betrachtet man den Erbgang der HD, wird klar, warum dies so ist. Die Hüftgelenkdysplasie hat einen „polygenetischen Erbgang", das heißt, es sind viele verschiedene Gene an ihrer Entstehung beteiligt. Erst ab Übersteigen eines gewissen Schwellenwertes zeigt sich phänotypisch eine Missbildung des Hüftgelenkes. Bleibt die Anzahl der HD-Gene, die ein Hund in sich trägt, unterhalb dieses Schwellenwertes, ist das Gelenk des Hundes normal ausgebildet. Dennoch kann dieses Tier HD-Gene an seine Nachkommen weitergeben. Kommt auch von der Seite des Zuchtpartners eine Anzahl an HD-Genen hinzu, kann es sein, dass beim Welpen der Schwellenwert überschritten wird und die-

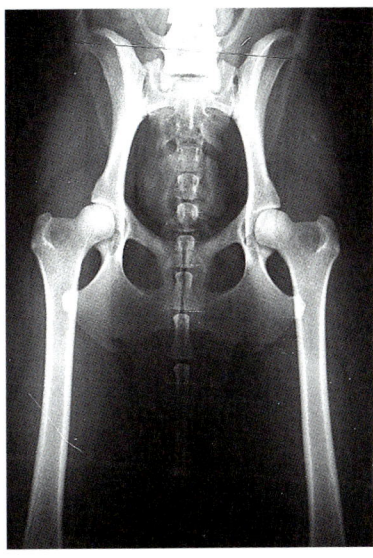

Das Röntgenbild einer HD-freien Hündin. **59**

ser Hund an Hüftgelenkdysplasie erkrankt. Übermäßige Ernährung und zu starke körperliche Belastung besonders beim jungen Hund können zwar keine HD verursachen, aber die Ausbildung beschleunigen und die Symptome verstärken.

Möchten Sie mit Ihrem Sheltie im Hundesport aktiv werden, ist es in jedem Fall sinnvoll, Ihren Hund vor dem sportlichen Einsatz auf HD untersuchen zu lassen und ihn erst körperlich stark zu belasten, wenn er ausgewachsen ist und Muskeln und Gelenke voll ausgebildet sind.

Unfälle wie ein Sturz aus größerer Höhe können auch bleibende Schäden – nicht nur an der Hüfte – hinterlassen. Dies sollten Sie bei der Aufzucht Ihres Welpen bedenken und Gefahren wie zum Beispiel den Transport im offenen Fahrradkorb, Herunterspringen der Welpen aus großer Höhe und so weiter vermeiden.

Viele Tierärzte sind in der Lage, die Hüftgelenke durch Röntgen zu beurteilen. Legen Sie Wert auf eine offizielle Auswertung durch einen erfahrenen Gutachter, sollten Sie sich an einen der beiden VDH-Zuchtvereine für Shelties wenden oder Ihren Züchter fragen. Die Ergebnisse dieser Auswertungen werden im Zuchtbuch veröffentlicht und dienen somit der Gesunderhaltung der Rasse.

Im Ausland gibt es, was die HD betrifft, unterschiedliche Reglements. In sehr vielen Ländern ist das Hüftröntgen beim Sheltie nicht obligatorisch. Auch in den nicht dem VDH angeschlossenen Zuchtvereinen gibt es nicht überall eine HD-Röntgenpflicht.

Da Shelties in der Regel klein und leicht sind, sind die Beschwerden durch HD in den meisten Fällen nicht so schwer wie bei Hunden großer Rassen. Mit geeigneter Behandlung können auch diese Shelties alt werden.

Dermatomyositis

Die Dermatomyositis, kurz „DM" genannt, ist eine recht seltene Haut- und Muskelerkrankung. Betroffene Hunde sind meistens Collies, Shelties oder Mischlinge dieser Rassen. Wodurch die Erkrankung verursacht wird, ist noch nicht geklärt, es scheint aber eine genetische Komponente zu geben. Möglicherweise wird die Erkrankung bei

Ein gesunder Sheltie ist voller Bewegungsdrang.

Tieren, die die Veranlagung zu DM ererbt haben, durch hinzukommende Umwelteinflüsse ausgelöst. Die Anfänge der DM zeigen sich meist schon im Welpenalter als Hautveränderung im Gesichtsbereich. Die Schwere der Erkrankung variiert sehr stark, auch der Verlauf ist individuell sehr unterschiedlich.

Zahnprobleme

Hundewelpen werden wie Menschen zahnlos geboren. Das Milchgebiss eines Hundewelpen hat 28 Zähne. Die ersten Milchzähnchen beim Sheltie erscheinen in der 4. Lebenswoche. Im Alter von etwa zwölf Wochen beginnt der Zahnwechsel zum Erwachsenengebiss. Die Milchzähne fallen nach und nach aus und die bleibenden 42 Zähne brechen durch. Mit etwa fünf Monaten sollte der Zahnwechsel abgeschlossen sein.

Beim Zahnwechsel kann es nicht nur bei Shelties, sondern auch bei anderen, vor allem kleinen und mittelgroßen Rassen, zu Problemen kommen. Darum ist es sehr wichtig, dass der Zahnwechsel aufmerksam beobachtet wird. So können Sie Zahnprobleme frühzeitig erkennen und gewöhnen zudem bereits Ihren Welpen an die Gebisskontrolle.

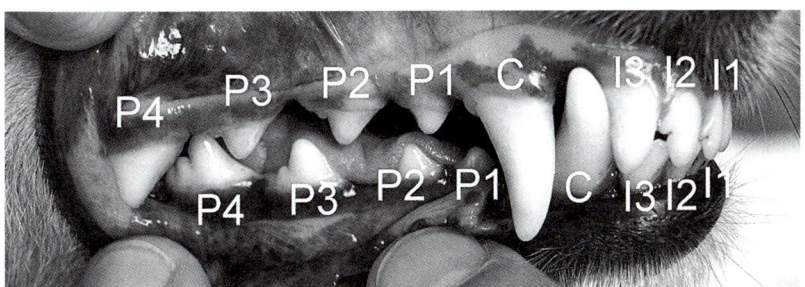

Das Gebiss eines Sheltie.

Persistierende Milchzähne

Recht häufig kommt es vor, dass die Milchzähne nicht rechtzeitig ausfallen, was als persistierende Milchzähne bezeichnet wird. Im schlimmsten Fall können dadurch die neuen Zähne in Fehlstellung geraten und Verletzungen im Kiefer verursachen. Eine aufwendige Zahnbehandlung ist dann nötig. Rechtzeitiges Ziehen der persistierenden Milchzähne ist hier sinnvoll.

Kontrollieren Sie das Gebiss Ihres Welpen täglich. Schauen Sie nach, ob sich die Milchzähne lockern, und suchen Sie nach den Stellen, an denen die bleibenden Zähne durchbrechen – bei den großen Eckzähnen (Canini) erkennt man die unter dem Zahnfleisch erscheinende Zahnspitze recht gut.

Außerdem können Sie den Zahnwechsel Ihres Welpen unterstützen und erleichtern, indem Sie Ihrem Hund harte Dinge zum Knabbern überlassen. Auch leichte, kontrollierte Zerrspiele mit einem Tau, Tuch oder Ähnlichem helfen dabei, die Milchzähne zu lockern.

Auf Ausstellungen werden Hunde mit Zahnfehlern meistens (aber nicht immer) entsprechend schlechter bewertet, können aber trotzdem, wenn sie die weiteren geforderten Voraussetzungen erfüllen, zur Zucht eingesetzt werden. Ein Röntgenbild kann Klarheit verschaffen, ob der Zahn tatsächlich komplett fehlt oder ob er zwar angelegt, aber nicht durchgebrochen ist.

Schiefe Fangzähne (Lance Canini)

Unabhängig von der Fehlstellung durch persistierende Milchzähne gibt es Hunde, bei denen die bleibenden Oberkiefereckzähne schräg nach vorn wachsen. Der Unterkiefereckzahn kann dadurch nicht in seine korrekte Position und es kommt zu weiterer Fehlstellung. Durch zahntierärztliche Behandlung können die Zähne in die korrekte Stellung gebracht werden.

Shelties, bei denen Zahnkorrekturen vorgenommen werden mussten, sollten – auch wenn die Korrektur beim erwachsenen Tier nicht zu erkennen ist – nicht zur Zucht eingesetzt werden, da man nach heutigem Wissenstand davon ausgehen kann, dass die Veranlagung zu schiefen Fangzähnen erblich ist.

Fehlende Zähne (Oligodontie)

Das komplette Gebiss eines erwachsenen Hundes umfasst 42 Zähne. Viele Hunde (und übrigens auch Wölfe!) haben allerdings kein komplettes Gebiss, in diesen Fällen fehlen meist ein oder sogar mehrere der kleinen Zähne zwischen den Eckzähnen und den Backenzähnen. Diese sogenannten Prämolären haben für den Hund nur eine untergeordnete Bedeutung beim Fressen, sodass das einzelne Individuum durch das Fehlen von wenigen der sogenannten „Ps" nicht beeinträchtigt ist.

Ein zobelfarbener Rüde mit einem gesunden Gebiss.

Überzählige Zähne (Polyodontie)

Gelegentlich kommt es vor, dass ein Hund mehr als 42 Zähne hat, dann spricht man von Polyodontie. Meist sind die Schneidezähne (Incisivi) oder P1 betroffen.

Nicht immer handelt es sich um eine echte Polyodontie, in einigen Fällen ist der überzählige Zahn ein persistierender Milchzahn.

Kryptorchismus

Kryptorchismus ist eine Störung des Hodenabstiegs, die vor allem kleine Rassen und somit auch den Sheltie betrifft. Bei männlichen Welpen gelangen die Hoden meistens zwischen dem 3. und 10. Lebenstag in den Hodensack. Zwischen der 6. und 10. Lebenswoche sind die Hoden so groß, dass eine fachkundige Person sie ertasten kann.

Bei manchen Welpen steigen ein oder auch beide Hoden nicht in den Hodensack ab, man spricht in diesem Fall von Kryptorchismus (Verborgenhodigkeit). Die Hoden verbleiben im Bauchraum. Gelegentlich gibt es auch einen stark verzögerten Hodenabstieg, der aber ab dem 6. Lebensmonat sehr unwahrscheinlich ist, da sich zu dieser Zeit die Leistenringe schließen und der Hoden nicht mehr hindurchpasst.

Einzelne Rüden scheinen über die Fähigkeit zu verfügen, die Hoden hochziehen zu können, sodass man fälschlicherweise davon ausgeht, der Hund sei „nicht vollständig".

Beim Welpen und Junghund kann man den Hodenabstieg medikamentös und durch Massieren unterstützen.

Hoden, die im Bauchraum liegen, werden in den meisten Fällen beim erwachsenen Rüden entfernt, um einer Tumorbildung vorzubeugen. Da die Gefahr einer Entartung nicht unmittelbar ist, kann man durchaus warten, bis der Rüde vollkommen erwachsen ist. Ist nur ein Hoden betroffen, braucht man auch nur diesen zu entfernen.

Da der Hodenabstieg genetisch bedingt und somit erblich ist, sollte mit betroffenen Tieren nicht gezüchtet werden, auch wenn durch Therapie der Abstieg erreicht werden konnte.

Impfung

Es gibt in Deutschland keine gesetzliche Impfpflicht. Trotzdem lassen die meisten Hundehalter ihre Hunde zum Schutz gegen verschiedene Krankheiten impfen. Zu den sogenannten Core-Impfungen, den wichtigsten Impfungen, zählen die Immunisierungen gegen Staupe (S), Parvovirose (P) und Tollwut (T), außerdem Leptospirose (L) und ansteckende Leberentzündung (HCC).

Waren früher jährliche Auffrischungsimpfungen üblich, empfiehlt die Ständige Impfkommission des BPT (Bundesverband praktizierender Tierärzte e. V.) seit August 2009 nach erfolgter Grundimmunisierung Wiederholungsimpfungen im dreijährigen Rhythmus. Die dreijährige Gültigkeit wird im Heimtierausweis eingetragen. Nach amerikanischen Studien soll die Wirk-

Wer mit seinem Sheltie in den Urlaub fährt, sollte sich rechtzeitig über die Einreisebestimmungen des jeweiligen Landes informieren.

samkeit der Impfungen sogar noch wesentlich länger anhalten als drei Jahre.

Wenn Sie einen Sheltiewelpen kaufen, hat dieser in der Regel bereits seine erste Impfung hinter sich. Bei den VDH-angeschlossenen Vereinen dürfen Welpen grundsätzlich erst nach erfolgter Impfung abgegeben werden. Der Züchter wird Sie informieren, welche Impfungen Ihr Welpe noch erhalten muss. Viele Züchter und Hundehalter trennen die Impfung gegen Tollwut (die frühestens ab der 12. Woche durchgeführt wird) von der Impfung gegen andere Infektionskrankheiten, um den Organismus des Hundes zu schonen. Einige warten auch mit der Tollwutimpfung bis nach dem Zahnwechsel des Hundes. Da in Deutschland keine Impfpflicht herrscht, kann jeder Hundehalter über Art und Zeitpunkt der Impfung selbst entscheiden.

Sollte Ihr Welpe Impfreaktionen oder ungewöhnliches Verhalten nach der Impfung zeigen, teilen Sie es bitte Ihrem Tierarzt mit. In manchen Fällen kann eine Behandlung gegen die Impfreaktion erforderlich sein. Gegebenenfalls wird Ihr Tierarzt bei Wiederholungsimpfungen auf einen anderen Impfstoff zurückgreifen.

Verreisen mit dem Sheltie

Für die meisten europäischen Urlaubsländer brauchen Sie für Ihren Sheltie den EU-Heimtierausweis und den Nachweis, dass Ihr Hund eine gültige Tollwutimpfung hat. Möchten Sie nach Schweden, Norwegen, Irland, Großbritannien oder Malta reisen, brauchen Sie außerdem einen Nachweis für die Wirksamkeit der Tollwutimpfung (Titerbestimmung), außerdem muss Ihr Hund nachweislich gegen Zecken und Bandwürmer behandelt sein. Ab Januar 2012 ändert sich diese Regelung. Weitere Informationen zum Reisen mit Hund finden Sie im Internet auf den Seiten des Bundesverbandes Praktizierender Tierärzte www.tieraerzteverband.de und auf den Seiten der Botschaft Ihres Reiselandes.

Für Reisen in EU-Länder müssen seit dem 1.7.2011 Hunde gechippt sein, um durch entsprechende Lesegeräte eindeutig identifiziert werden zu können. Heutzutage werden Welpen ohnehin beim Züchter gechippt statt wie früher tätowiert, was dann auch in den EU-Heimtierausweis eingetragen wird.

Wenn der Sheltie alt wird

Der Sheltie ist eine gesunde, robuste Rasse. Viele Shelties werden zwischen zwölf und 14 Jahren alt, man weiß aber auch von welchen, die 18 Jahre und älter wurden. Den meisten „Senioren" (Hunde gelten ab dem 8. Lebensjahr als „Senior") merkt man ihr Alter lange nicht an und während andere Rassen mit zehn schon sehr „alt" sind, sind viele Shelties in diesem Alter noch völlig fit.

Ältere Hunde besitzen ihren ganz eigenen Charme. Wir müssen keine Erziehungsarbeit mehr leisten und kaum noch befürchten, dass unser Hund in einer Staubwolke am Horizont verschwindet.

Die täglichen Routineabläufe sind in Fleisch und Blut übergegangen, trotzdem ist der Senior nicht böse, wenn er einmal länger schlafen darf. Man würde sich kaum wundern, wenn der Hund eines Tages zu sprechen begänne, so vertraut ist man sich mit den Jahren.

Wie beim Menschen gibt es auch beim Sheltie große individuelle Unterschiede, wann er wirklich „alt" wird. Starken Einfluss haben die Umgebung und der allgemeine Gesundheitszustand. In einem lebhaften Haushalt, womöglich mit hündischem Partner und viel Bewegung, bleibt der Sheltie länger aktiv. Gesunde Tiere altern meist später als solche, die größere gesundheitliche Probleme haben.

Woran erkennt man das Altern?

Der alternde Hund bekommt graue Haare, das Gehör und auch die Sehleistung lassen nach. Ältere Hunde schlafen mehr und tiefer als junge Tiere. Die Spaziergänge werden gemütlicher und ein Sheltie, der in seiner Jugend nicht weit und schnell genug laufen konnte, kann sich nun anscheinend ewig in Geruchsspuren vertiefen.

Auch wenn es schwer fällt, das Altern des einst so temperamentvollen Begleiters zu akzeptieren – nun muss man sich auf den Senioren einstellen, ihn weniger fordern und nachsichtig sein, wenn er nicht mehr so „funktioniert" wie in jungen Jahren.

Besonders Steifheit beim Aufstehen oder das hörbare Schleifen der Krallen auf dem Boden sollte nicht

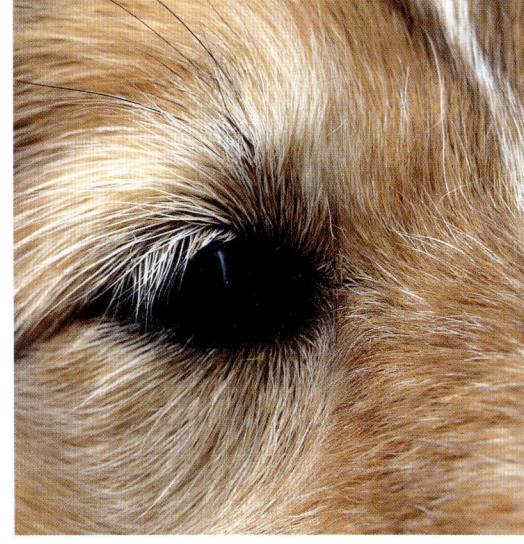

Der alte Sheltie bekommt nicht nur graue Haare, auch seine Sehkraft lässt langsam nach.

65

Wie schnell doch die Zeit vergeht! Unsere Indi – oben kurz nach der Geburt 2002 und unten schon leicht ergraut im Jahr 2011.

nur dem Alter zugeschrieben werden, sondern weisen auf Gelenks- oder Rückenprobleme hin, die medizinisch abgeklärt müssen.

Ebenso wichtig ist die regelmäßige Kontrolle und Reinigung des Gebisses. Schlechte Zähne stellen ein großes gesundheitliches Risiko dar. Ein- bis zweimal im Jahr sollten Sie Ihren Seniorhund zur Allgemeinuntersuchung dem Tierarzt vorstellen, um typische Alterserkrankungen (die alle Rassen betreffen) frühzeitig zu erkennen.

Der Stoffwechsel des alternden Hundes verändert sich. Wenn Sie bemerken, dass Ihr Hund sein gewohntes Futter nicht mehr verträgt oder – ohne krank zu sein – abnimmt, wird es Zeit, die Ernährung dem Alter anzupassen. Seniorhunde verwerten das Eiweiß in der Nahrung nicht mehr optimal, daher sollte das Futter besonders leicht verdauliches Eiweiß enthalten. Haben Sie bislang einmal am Tag gefüttert, verteilen Sie das Futter nun auf zwei oder drei kleinere Mahlzeiten.

Sehr wichtig ist es, darauf zu achten, dass der Hund genügend Flüssigkeit aufnimmt. Mit Frischfleisch oder Dosenfutter ernährte Hunde nehmen über die Nahrung bereits einen guten Teil ihres Wasserbedarfs auf, bei Trockenfütterung ist das nicht der Fall. Berechnen Sie die Wassermenge, die Ihr Hund braucht, und füllen Sie den Napf täglich frisch, damit Sie die Wasseraufnahme kontrollieren können.

Den passenden Sheltie finden

Rassehundekauf ist Vertrauenssache. Darum sollten Sie sich bei der Anschaffung Ihres neuen Familienmitglieds nicht nur vom Herz, sondern auch vom Kopf leiten lassen. Das Internet ermöglicht es, schnell an Informationen zu gelangen; über Anzeigenportale und Homepages kann man nicht nur in Deutschland, sondern auch noch in vielen anderen Ländern nach einem Welpen suchen.

Vom guten Züchter

Lassen Sie sich nicht von schönen Bildern und blumigen Werbetexten beeindrucken. Eine repräsentative Homepage mit beeindruckenden Bildern macht noch keinen guten Züchter aus und eine weniger attraktive Seite besagt noch lange nicht, dass die dort vorgestellte Zucht schlecht ist. Nehmen Sie sich die Zeit, mit verschiedenen Züchtern zu reden. Viele sind gern bereit, ernsthaft an der Rasse interessierten Besuchern ihre Zucht zu zeigen, auch wenn gerade keine Welpen zum Verkauf stehen.

„Zwinger"

Auch Sheltiezüchter haben „Zwinger". Gemeint ist damit allerdings nicht ein drahtbewehrtes Hundegehege. Der Begriff „Zwinger" umschreibt einfach, dass es sich um eine Zuchtstätte handelt. Die große Mehrzahl der

Bin ich der Richtige?

Sheltiezüchter hält und züchtet die Shelties im Wohnhaus, in engem Anschluss an die Menschen, Züchter mit vielen Hunden und gemischtem Rudel verfügen meist zusätzlich über ein Hundehaus oder Hundezimmer.

Zucht im Verein

Wer ernsthaft Hunde züchtet, ist in der Regel daran interessiert, beste Voraussetzungen für seine Zucht zu haben. Dazu gehört der Zugang zu möglichst umfangreichen Informationen – über Zuchtbücher, Seminarangebote, aber auch über das Netzwerk der Züchter untereinander – und zu besten Zuchthunden. Die meisten Züchter sind darum in Vereinen organisiert.

FCI und VDH

Die FCI (Fédération Cynologique International) ist der größte Dachverband für die Hundezucht und umfasst weltweit 86 Partnerländer, dazu gehören auch die deutschsprachigen Länder. Pro Mitgliedsland wird nur ein Verband in die FCI aufgenommen, dies sind in Deutschland der VDH (Verband für das deutsche Hundewesen), in Österreich der ÖKV (Österreichischer Kynologenverband) und in der Schweiz die SKG (Schweizerische Kynologische Gesellschaft). Der VDH hat 650.000 Mitglieder in 176 Rassezuchtvereinen. Die VDH-Zuchtregularien gehören zu den strengsten weltweit. Alle dem VDH angehörenden Züchter sind laut Satzung Hobbyzüchter und orientieren sich bei der Zucht ihrer Rasse an dem geltenden FCI-Standard.

Den nationalen Verbänden wiederum schließen sich die einzelnen Rassezuchtvereine an, für den Sheltie sind dies in Deutschland der CfBrH (Club für Britische Hütehunde, gegründet 1889) und der 1. SSCD (1. Shetland Sheepdog Club Deutschland, gegründet 2000).

Die Rassezuchtvereine unterliegen den Zuchtvorschriften der FCI und des VDH, sie befolgen in der Zucht weitergehende, speziell auf die gezüchteten Rassen zugeschnittene Zuchtordnungen. In den Zuchtordnungen wird festgelegt, welche Voraussetzungen ein Hund erfüllen muss, damit er zur Zucht eingesetzt werden kann, und welche Bedingungen die Zuchtstätte und der Züchter erfüllen müssen. Die Zwinger werden durch Zuchtwarte der Clubs kontrolliert. Sie besuchen den Züchter während der Welpenzeit jedes Wurfes zweimal. Sie protokollieren dabei unter anderem die Eigenschaften und Besonderheiten des Wurfes, die Haltungsbedingungen und den Gesundheitszustand des gesamten Hundebestandes. Sämtliche in den VDH-Clubs geborenen Würfe werden in die Zuchtbücher der Vereine eingetragen, alle Welpen erhalten Ahnentafeln ihres Clubs. Die Ahnentafel ist der Beleg dafür, dass der Welpe, den Sie erwerben, nach den geltenden Regularien seines Zuchtvereins gezogen wurde. In der Ahnen-

tafel sind die Vorfahren Ihres Hundes bis zu den Ur-Urgroßeltern eingetragen. Beim Kauf des Welpen wird dort der Besitzerwechsel dokumen-
tiert. Auf den Ahnentafeln der Zuchthunde sind zudem zuchtrelevante
Gesundheitsuntersuchungen vermerkt und, bei den Hündinnen, ihre bis-
herigen Würfe.

Auf den Homepages der Zuchtvereine können Sie die Zuchtordnungen
und weitere Bestimmungen nachlesen, ebenso kann man dort Einsicht in
Zuchtbücher und die aktuellen Zuchtdatenbanken nehmen.

Die FCI-Mitgliedsländer erkennen gegenseitig die Ahnentafeln (Pedi-
grees) der in der FCI gezogenen Hunde an. Ein vom VDH registrierter
Welpe hat somit international anerkannte Papiere.

Weltweit gibt es noch drei weitere große Dachverbände für die Hundezucht: den britischen Kennel Club (KC), den American Kennel Club
(AKC) und den Canadian Kennel
Club (CKC). Diese und die FCI erkennen ebenfalls gegenseitig die
jeweiligen Ahnentafeln an. Mit
einem Sheltie, der unter einem dieser Dachverbände gezogen wurde,
dürfen Sie also auch in Deutschland
problemlos züchten – sofern die
anderen neben der Ahnentafel geforderten Voraussetzungen (Form-
wert, Gesundheit und so weiter)
stimmen. Was genau zu tun ist, um
mit einem importierten Hund in
Deutschland zu züchten, und wie
Sie das erforderliche Auslandspedi-
gree erhalten, erfahren Sie bei den
Zuchtvereinen.

*Diese Welpen sind erst eine Woche alt.
Was wird das Leben ihnen bringen?*

Weitere Hundezuchtverbände und -vereine

Neben dem VDH und den ihm angeschlossenen Rassezuchtvereinen existieren in Deutschland noch zahlreiche weitere kleinere Hundezuchtver-
bände und Rassezuchtvereine. Da jeder dieser Vereine seine eigene Zuchtordnung festlegt und Art und Umfang der Kontrolle der Zuchtstätten sehr
unterschiedlich sind, kann man keine allgemein gültige Aussage über die
Qualität der Zucht außerhalb des VDH treffen.

Woran erkennt man einen guten Züchter?

Es gibt einige Merkmale, an denen Sie sofort erkennen können, ob es sich
um einen guten und seriösen Züchter handelt.

Seien Sie vorsichtig, wenn

- mehr als zwei bis drei Rassen regelmäßig gezüchtet werden,
- etliche Würfe gleichzeitig liegen,
- man Ihnen ohne Fragen telefonisch einen Welpen verkauft,
- man Ihnen den Welpen bringen möchte,
- die Mutterhündin nicht da ist,
- die Welpen und/oder erwachsenen Hunde dauerhaft in einem Zwinger, Stall, Garage oder Ähnlichem gehalten werden,
- die Zuchtstätte und die Hunde schmutzig sind,
- die Welpen vor Ihnen weglaufen,
- die erwachsenen Hunde scheu oder feindselig sind (sie sind Vorbild für die Welpen),
- der Züchter Ihnen ausschließlich die Vorteile der Rasse erklärt und die Welpen anpreist wie „sauer Bier",
- man Sie unter Druck setzen will, den Kauf abzuschließen,
- der Züchter überwiegend schlecht über andere Züchter spricht.

Ein guter Züchter wird

- Ihnen nicht beim ersten Besuch einen Welpen aufschwatzen,
- Ihnen alle seine Hunde und die Zuchtstätte zeigen,
- mehrere Besuche gutheißen und sich viel Zeit für Sie und Ihre Fragen nehmen,
- genau wissen wollen, was Sie mit dem Welpen tun möchten, wie Sie ihn halten wollen, wie er betreut wird und so weiter,
- Ihnen möglicherweise nicht Ihren Favoriten geben, sondern Ihnen einen anderen Welpen empfehlen,
- Sie umfassend über alles, was den Welpen betrifft, informieren und Ihnen Einblick in alle zuchtrelevanten Unterlagen gewähren,
- Ihnen Informationen geben über rassetypische Probleme,
- daran interessiert sein, Kontakt zu Ihnen zu halten und Sie in allen Fragen rund um den Welpen zu unterstützen,
- möglicherweise pikiert reagieren, sollte Ihre erste Frage dem Preis gelten. Diese Frage kann zwar entscheiden, ob ein Kauf überhaupt machbar ist. Für jemanden, der aus Leidenschaft züchtet, ist ein Welpe aus einem sorgfältig geplanten Wurf aber etwas ganz Besonderes. Direkt nach dem Kaufpreis zu fragen, wertet den Welpen zu einer Handelsware ab – kein Wunder, dass sich der Züchter dann vor den Kopf gestoßen fühlt. Die Preisspanne für einen Sheltiewelpen in Ihrer Region können Sie bei der Welpenvermittlung erfragen.

Die Welpen eines guten Züchters kommen neugierig und freundlich auf Besucher zu und lassen sich anfassen. Sie sind sauber und gepflegt, ihre Augen sind klar. Sie haben Familienanschluss und sowohl Kontakt mit Menschen als auch mit erwachsenen Hunden. Der Züchter macht die Welpen zudem behutsam mit verschiedenen Umwelteinflüssen und Situationen vertraut.

Ein guter Züchter bietet seinen Welpen Abwechslung und gewöhnt sie schon an unterschiedliche Umweltreize.

!

Wie bekommt man einen Welpen?

Die Züchter, die in den Vereinen CfBrH und SSCD organisiert sind, melden dort ihre Würfe, häufig werden auch bereits die Deckmeldungen veröffentlicht. Welpeninteressenten können Deckmeldungen und Würfe auf den Homepages der Vereine ansehen und erhalten dort auch Verlinkungen zu den jeweiligen Züchtern. Beide Vereine bieten zudem eine telefonische Welpenvermittlung an.

Auf den Clubseiten finden Sie auch diejenigen Züchter, die momentan keine Welpen haben. Sollte Ihnen eine Zuchtstätte zusagen, scheuen Sie sich nicht, sich dort zu melden. Viele Züchter freuen sich über frühe Kontakte zu Welpeninteressenten.

Ein Sheltie aus dem Ausland

Shelties werden europaweit gezüchtet. Wer in Deutschland bei der Suche nach „seinem" Welpen nicht fündig wird, wagt daher vielleicht den Blick über die Grenze hinaus. Für die Wahl des Züchters im Ausland gilt Ähnliches wie für die deutschen Züchter. Man sollte sich gründlich über die Zuchtstätte informieren und am besten einen Besuch vor Ort einplanen, bevor man sich entscheidet. Zu empfehlen ist, sich auch im Ausland an einen FCI-Züchter zu wenden. Je nach Land und Zuchtverein gibt es unterschiedliche Vorschriften und Voraussetzungen, die für die Sheltiezucht erfüllt werden müssen. Auch die Anforderungen an die Zuchttiere variieren. **71**

Während in Deutschland alle Zuchttiere auf HD, CEA und MDR1-Defekt untersucht werden müssen, ist dies im Ausland nicht überall der Fall. Auch das erfolgreiche Absolvieren von Ausstellungen ist nicht überall Voraussetzung für die Zucht. Beim zuständigen Zuchtverband können Sie die Zuchtordnung für Shelties erfragen. Wenn Sie Wert auf Gesundheitsuntersuchungen legen, die nicht vorgeschrieben sind, erkundigen Sie sich am besten beim Züchter. Viele Züchter untersuchen ihre Tiere freiwillig oder sind bereit, die Welpen testen zu lassen. Der Preis für einen Welpen aus einer seriösen ausländischen Zucht unterscheidet sich in den meisten Fällen kaum von dem, was in Deutschland verlangt wird.

Auf der Homepage der FCI finden Sie ein Verzeichnis sämtlicher Mitgliedsländer mit Links zu den jeweiligen Dachverbänden. Für die nicht der FCI angeschlossenen Vereine gibt es keine zentrale Welpenvermittlung. Bei Interesse sollten Sie sich direkt bei den Vereinen informieren.

Finger weg von Wühltischwelpen!

Mit der Öffnung der Grenzen in Europa nimmt auch der grenzüberschreitende Hundehandel zu. Besonders aus osteuropäischen Ländern wie Polen oder Ungarn werden Welpen nach Deutschland importiert. Meist stammen die Tiere aus Massenzuchten und werden viel zu früh von den Muttertieren getrennt. Oft schon im Alter von vier Wochen werden sie im Kofferraum über die Grenze gebracht. Die „Zucht"-Hündinnen in diesen Massenzuchten werden bei jeder Hitze belegt.

> **Achtung!**
> Kaufen Sie niemals einen Welpen aus Mitleid, auch wenn es schwer fällt. Sie bereiten damit nur den Weg für weiteres Hundeelend.

Aus Kostengründen verzichten die Händler zudem auf Impfung und Entwurmung der Welpen, Krankheit und Verhaltensstörungen sind vorprogrammiert.

Stärkere Grenzkontrollen und harte Strafen wären die Mittel der Wahl gegen solchen Welpenhandel – allerdings bedarf es dazu einer EU-weiten Regelung, welche noch auf sich warten lässt.

Daher ist im Moment der Welpenkäufer in der Verantwortung. Seien Sie kritisch bei billigen Angeboten und wenn man Ihnen anbietet, den Welpen auf neutralem Boden zu übergeben oder ins Haus zu bringen. Bestehen Sie darauf, die Mutterhündin zu sehen und schauen Sie sich an, wie diese untergebracht ist. Ist sie auch tatsächlich die Mutter der Welpen?

Bitte bedenken Sie, dass clevere Hundehändler sich als „Züchter" tarnen können. Tatsächlich werden importierte Welpen verkauft zu einem Preis, den auch seriöse Züchter verlangen. Lassen Sie sich sämtliche Unterlagen zeigen, die der Züchter zum Wurf hat, und fordern Sie Kopien.

Informieren Sie sich über die gewählte Rasse und stellen Sie Fragen. Seriöse Züchter sind gern bereit, Ihnen alle Informationen zum Wurf zur Verfügung zu stellen.

Rüde oder Hündin?

Beim Sheltie unterscheiden sich Rüde und Hündin deutlich durch ihr Erscheinungsbild. Rüden sind meist kräftiger gebaut und haben einen markanteren Kopf, oft eine beeindruckende Mähne und üppiges Fell. Hündinnen hingegen sind insgesamt femininer im Ausdruck, ihr Fell ist häufig nicht ganz so üppig wie bei einem Rüden. Auch die stattliche Mähne fehlt den Hündinnen. Dafür verfügen sie meist über

Rüde (links) oder Hündin (rechts) –
die Wahl fällt schwer.

einen schönen, langen „Petticoat" und eine reich behaarte Rute – die Rüden tragen oft deutlich kürzere „Hosen" und ihre Rute ist weniger verschwenderisch behaart.

Beide Geschlechter sind beim Sheltie, was die Erziehung betrifft, leicht zu halten. Rüden sind naturgemäß mehr nach außen orientiert, beim Gassigang wird rüdentypisch ausgiebig geschnüffelt und markiert. Begegnungen mit fremden Hunden interessieren Rüden meist mehr als Hündinnen.

Hündinnen werden durchschnittlich zweimal im Jahr läufig, manche haben aber auch sehr kurze Läufigkeitsintervalle und schaffen drei Läufigkeiten im Jahr. Andere wiederum lassen sich viel Zeit und werden nur alle neun bis zehn Monate läufig. Die meisten Sheltiehündinnen sind sehr reinlich, sodass die Besitzer kaum merken, wann die Zeit der Läufigkeit da ist. Auffälliger als die Blutung ist oft das vermehrte Absetzen von Harn kurz vor und während der Hitze sowie ein vermehrtes Putzen und Lecken. Selbstverständlich muss die Hündin in dieser Zeit gut beaufsichtigt werden, um ungeplanten Nachwuchs zu vermeiden. Das Problem ist weniger, dass die Sheltiehündin wegläuft – die meisten Sheltiedamen sind auch während der Läufigkeit gehorsam. Wichtig ist es, die Hündin während der Hitze nicht allein im Garten zu lassen. Verliebte Rüden sind sehr einfallsreich und können auch vermeintlich sichere Zäune überwinden.

Die Hündinnen haaren in zeitlichem Zusammenhang mit den Läufigkeiten sowie nach dem Werfen. Besonders nach einem Wurf kann eine Sheltiehündin sehr viel Fell verlieren. Rüden haaren hauptsächlich im Frühjahr und Herbst.

73

Der Sheltie zieht ein

Shelties gehören zu den lebhaften Rassen, ein aufgeweckter Sheltiewelpe kann mit Leichtigkeit eine ganze Familie auf Trab halten. Da sich ein Sheltie stark am Menschen orientiert und ein Welpe von einem guten Züchter entsprechend geprägt ist, wird sich Ihr Welpe auch im neuen Zuhause auf Sie konzentrieren und Ihre Nähe und Zuwendung suchen.

Praktische Aspekte

Im Idealfall haben Sie Ihren Welpen beim Züchter schon mehrfach besuchen können und dabei auch ein getragenes Kleidungsstück von sich im Welpenbereich deponiert – so gewöhnt sich der kleine Sheltie bereits ein wenig an Ihren Geruch.

Holen Sie den Hund ab, wird Ihnen der Züchter Ihr Kleidungsstück wieder mitgeben – es hat nun „Stallgeruch" an sich. Wenn Sie es ins neue Körbchen Ihres Welpen legen, fühlt sich der Kleine schneller heimisch. Manche Züchter geben Hundedecken mit, die einige Zeit im Welpenbereich lagen.

Da nicht alle Welpen das Autofahren gut vertragen, vergessen Sie nicht, zum Abholen ein Handtuch oder eine Decke als Unterlage sowie

Wenn der Welpe einzieht, braucht er viel Aufmerksamkeit und Zuwendung, um sich möglichst schnell einzugewöhnen.

eine Rolle Küchenpapier und eine Flasche Wasser mitzunehmen. Falls Sie es einrichten können, holen Sie den Welpen möglichst früh am Tag. Bis dann die Nacht kommt (und vielleicht die Einsamkeit), hat sich Ihr Welpe schon ein wenig an die neue Umgebung und an Sie gewöhnt.

Das richtige Futter

Wenn Sie Ihren Welpen abholen, ist er nicht mehr auf Muttermilch angewiesen. Ein guter Züchter wird Ihnen eine größere Portion der Futtersorte mitgeben, die der Welpe gewohnt ist, sowie einen Fütterungsplan. Der kleine Hund hat mit dem Umgebungswechsel so viel zu tun, dass man ihm keine Futterumstellung zumuten sollte, bevor er sich eingelebt hat.

In den letzten Jahren füttern immer mehr Hundehalter und Züchter roh (BARF – Biologisch Artgerechte Rohfütterung). Der Gedanke, der hinter dieser Fütterungsart steht, ist denkbar einfach und logisch: Frische, ausgewogene Ernährung ist gesünder als konservierte Dosennahrung oder Trockenfutter. Wie man Hunde ausgewogen roh füttert, wird inzwischen in zahlreichen Ratgebern beschrieben, sodass sich jeder das nötige Wissen aneignen kann. Manche Tierärzte bieten Ernährungsberatung an und erstellen auch spezielle Futterpläne für kranke Hunde.

Wer sich selbst nicht mit dem Thema der optimalen Versorgung mit Nährstoffen und der Zusammenstellung von Futterrationen befassen

Schon bei den Welpen kann man mit der Rohfütterung beginnen.

75

möchte, erhält mittlerweile bei zahlreichen Anbietern fertig portionierte Frischfuttermischungen in den verschiedensten Sorten.

Die moderne Ernährung des Hundes mit BARF ist nicht wesentlich aufwendiger als andere Fütterungsmethoden und auch nicht unbedingt teurer als hochwertige Dosennahrung oder Trockenfutter. Aus eigener Erfahrung kann ich die Frischfütterung sehr empfehlen.

Die richtige Ausstattung

Viele Züchter geben ihren Welpen Halsband und Leine mit und Sie werden staunen, wie schnell Ihr kleiner Hund aus seinem „Babyhalsband" herauswachsen wird.

Für kleine Welpen eignen sich Nylonhalsbänder, die genau passen müssen. Wenn Sie möchten, können Sie Ihren Welpen statt am Halsband an einem Geschirr führen. Genau wie beim Halsband sollten Sie unbedingt darauf achten, dass Ihr Hund sich nicht herauswinden kann. So mancher Sheltie hat sich als wahrer Entfesselungskünstler entpuppt und danach das Weite gesucht!

Für einen Sheltie reicht eine leichte, dünne Leine aus.

Halsband oder Geschirr

Beim Spiel bergen Geschirre eine höhere Verletzungsgefahr als Halsbänder. Sollte Ihr Welpe mit anderen Hunden spielen, ist es besser, das Geschirr vorher auszuziehen.

Für den erwachsenen Sheltie bevorzugen viele Halter sogenannte Zugstopphalsbänder. Normale Halsbänder sind wegen des üppigen Fells und des schmalen Kopfes der Shelties nur bedingt geeignet. Ein Zugstopphalsband hat einen entscheidenden Vorteil: Es zieht sich bei Zug bis zu der vorher eingestellten Weite zu. Der Hund wird nicht gewürgt, und dennoch sitzt das korrekt eingestellte Halsband fest genug, um nicht über den Kopf gestreift zu werden.

Achten Sie beim Kauf des Zugstopphalsbandes darauf, dass es haarschonend ist, denn besonders bei Kettenbändern kann es zu Haarbruch am Kragen kommen. Zugstoppbänder nimmt man dem Hund beim Freilauf und Spiel besser ab, sonst besteht Gefahr, dass das Tier hängen bleibt oder sich verletzt. Muss der Hund schnell an die Leine, ist das Halsband sehr rasch übergestreift. Benutzen Sie niemals ein Zughalsband ohne Stopp!

Auf Reisen oder wenn Sie befürchten, dass Ihr Sheltie „verloren geht" sollten Sie ihm immer ein anliegendes Halsband mit Adressanhänger/ Hundemarke anlegen.

Die passende Leine

Da die meisten Shelties nicht allzu kräftig sind, braucht man für sie keine schweren, starken Leinen. Es empfehlen sich leichte Nylonleinen oder schmale Lederleinen. Besonderes Augenmerk verdienen die Bolzenhaken. Unnötig große Haken sind schwer und schlagen dem Hund, besonders in Verbindung mit dem Zugstopphalsband, bei jedem Schritt leicht an die Schulter.

Der geeignete Schlafplatz

Der Welpe sollte von Anfang an einen Schlafplatz zugewiesen bekommen, wo er die Nacht verbringt und an den er sich zurückziehen kann. Neben dem üblichen Körbchen wird für Welpen häufig eine Box oder ein Kennel empfohlen, in die der junge Hund über Nacht eingesperrt wird. Da die meisten gesunden Welpen ihr Lager nicht verunreinigen, wird sich Ihr kleiner Sheltie melden, sobald er ein dringendes Bedürfnis verspürt. Tragen Sie ihn dann sofort nach draußen! Ein Hund, der aus Not gelernt hat, sich in seinem Schlafbereich zu erleichtern, behält dies möglicherweise bei.

Ein Abtrenngitter kann manchmal recht sinnvoll sein.

Möchten Sie Box oder Kennel nicht anschaffen, tut es am Anfang auch ein stabiler, hoher Karton, aus dem der Welpe nicht herausklettern kann.

Die Box tagsüber für den längeren Aufenthalt Ihres kleinen Hundes zu benutzen, verbietet sich, denn als hochsoziales Wesen leidet gerade ein junger Sheltie sehr unter Isolation von seinem Rudel. Sperren Sie Ihren Sheltie auch nicht als Strafe für „Fehlverhalten" weg.

Ein Weidekorb sieht schön aus, verleitet aber so manchen Welpen zum Knabbern. Plastikkörbe sind leicht zu reinigen und robust, aber weniger dekorativ.

Da man einen Welpen nicht ständig im Auge behalten kann, können Sie bestimmte Wohnbereiche mit Welpengittern („Kleintierauslauf" aus dem Zoohandel) abtrennen.

Gefahren für den Welpen

Bevor der Welpe einzieht, sollten Sie Ihr Zuhause einer kritischen Prüfung unterziehen. Besonders Elektrokabel und Steckdosen müssen gesichert werden. Offene Treppen und weite Geländer sind ebenso Gefahrenquellen. Denken Sie daran, dass Shelties nicht besonders groß sind und sich auch durch kleine Löcher und Spalte zwängen können. Niedrige Gartenzäune können überklettert oder übersprungen werden, übrigens nicht nur von innen nach außen. Ein ausreichend hoher Zaun schützt auch vor ungebetenem Besuch fremder Hunde.

Lassen Sie Ihren Welpen bei TASSO e. V. registrieren. Falls Ihr Sheltie entläuft, haben Sie bessere Chancen, ihn wiederzufinden, denn durch seine Chip-Nummer ist er auch im Ausland eindeutig zu identifizieren.

Da viele Pflanzen giftig sind, sollten Sie sich informieren, ob Ihr Hund durch die Bepflanzung gefährdet ist. Haben Sie einen großen unübersichtlichen Garten, der viele Gefahren für den Welpen birgt, kann die Abtrennung eines Welpenbereiches sinnvoll sein.

Das Welpenfell ist weich und zart, im Gegensatz zum Fell eines erwachsenen Hundes bietet es wenig Schutz vor Nässe. Ein bis auf die Haut durchnässter Welpe kann sich leicht erkälten.

Sichern Sie Ihren Welpen auf Autofahrten. Wenn Sie beim Kauf von Box und Kennel die Abmessungen Ihres Autos berücksichtigen, können Sie diese zusätzlich bei Fahrten benutzen. Alternativ können Sie einen Hundesicherheitsgurt verwenden oder die gesamte Ladefläche mit einem geeigneten Schutzgitter abtrennen.

Die Entwicklung des Sheltie

Hundewelpen entwickeln sich sehr rasch, viel schneller als ein Menschenkind. Alle Erfahrungen, die der Welpe macht, beeinflussen ihn – sowohl die guten als auch die schlechten.

Bis zum 8. Lebensmonat kann ein einzelner Tag im Leben eines Hundes mit 20 Menschentagen eines Kindes verglichen werden. Die ersten 20 Lebenswochen sind dabei das Zeitfenster, in dem sehr viele Weichen für das spätere Leben des Hundes gestellt werden. In dieser Sozialisierungsphase muss der heranwachsende Hund mit der belebten und unbelebten Umwelt vertraut gemacht werden. Je besser dies gelingt, umso mehr Freude haben Sie – und auch Ihr Sheltie – in Ihrem Zusammenleben.

Bereiten Sie sich darum gut auf den Einzug des neuen vierbeinigen Familienmitglieds vor und holen Sie sich nur dann einen Welpen, wenn Sie genügend Zeit für seine Betreuung haben.

Es ist sehr sinnvoll, im Vorfeld in der Familie abzusprechen, was dem Kleinen erlaubt und was verboten wird und wer welche Pflichten übernimmt.

Die ersten Schritte im neuen Zuhause

Im neuen Zuhause angekommen muss der Welpe zunächst seine neue Familie und die ihm fremde Umgebung kennenlernen. Erst wenn Ihr Welpe sich an die neue Lebenssituation gewöhnt hat – das geschieht meist in wenigen Tagen –, können nach und nach andere Menschen zu Besuch kommen. Das erste etwas größere Gassigehen steht an, Hundekontakte werden geknüpft und vieles mehr.

Eine gute Bindung

Die wichtigste Aufgabe, die sich dem frischgebackenen Welpenbesitzer stellt, ist der Aufbau einer guten Bindung. In den ersten Tagen, Wochen und Monaten im neuen Zuhause wird der Grundstein für eine

Die Erfahrungen, die ein Sheltie in den ersten Lebenswochen macht, beeinflussen schon sein späteres Leben. **79**

langjährige Beziehung gelegt. Sicherheit, Geborgenheit und Vertrauen sind elementar. Der Welpe hat – hoffentlich – beim Züchter gelernt, dass Menschen sehr gute Sozialpartner sind, dass man von ihnen Futter bekommt, Zuwendung und Schutz – und dass man mit Menschen prima spielen kann. Solche Welpen orientieren sich stark an uns und nehmen uns bereitwillig als „Rudelchef" an.

Vermeiden Sie unnötige Konflikte, dann geraten Sie nicht in die Lage, den Welpen schimpfen zu müssen und „böse" zu sein!

Welpen nagen gern

Welpen nagen gern, besonders in der Zeit des Zahnwechsels, der mit fünf bis sechs Monaten weitgehend abgeschlossen ist. Jungen Hunden ist der Unterschied zwischen Schuhen, Kinderspielzeug und Kauknochen nicht bewusst – für einen Welpen ist dies alles erstklassiges Kaumaterial. Räumen Sie sämtliche Gegenstände, an denen der Welpe knabbern könnte, weg, oder machen Sie die Bereiche, in denen die Versuchungen locken (Kinderzimmer!) für den Welpen unzugänglich.

Bieten Sie Ihrem Sheltie Kauartikel und Hundespielzeug an. Loben Sie ihn, wenn er sich mit diesen Dingen beschäftigt, und spielen Sie viel mit ihm. Ein gelegentliches Austauschen der „Hundesachen" sorgt dafür, dass keine Langeweile aufkommt.

Vor Welpen ist nichts sicher!

Bei Nagereien an den Wänden oder Einrichtungsgegenständen können Sie, statt zu schimpfen, die Dinge mit Pfeffer oder ähnlichen für den Welpen unangenehmen Stoffen besprühen, sodass er sie meidet.

Am besten ist es allerdings, den Welpen von der Erfahrung „Tapetenknabbern ist eine tolle Beschäftigung" abzuhalten, was bedeutet, den Welpen nicht allein lassen, ihn rechtzeitig abrufen und eine alternative Beschäftigung anbieten.

Stubenreinheit

Für Hunde ist es normal, dass sie ihr „Lager" nicht verschmutzen. Die meisten Hunde lassen sich daher leicht zur Stubenreinheit erziehen. Viele sind sogar „gartenrein" und verrichten nur in Ausnahmefällen ihre Notdurft im eigenen Garten. Ein Welpe ist allerdings meist mit wichtigeren Dingen beschäftigt als dem Sauberhalten des Reviers – und hat auch noch nicht die anatomischen Voraussetzungen dafür, Urin und Kot viele Stunden halten zu können.

Nach dem Schlafen, Essen und Spielen müssen die meisten Welpen ihr Geschäft erledigen. Seien Sie aufmerksam und bringen Sie Ihren Welpen nach draußen, bevor er sich hinsetzt, um eine Pfütze oder ein Häufchen zu machen. Welpen „müssen" auch nachts. Achten Sie darauf, wenn Ihr Welpe sich meldet, und bringen Sie ihn hinaus. Vermeiden Sie Hektik und laute Worte und loben Sie den Kleinen, wenn er sich draußen löst. Ein Leckerli als Belohnung ist nicht verkehrt. Deponieren Sie am besten ein Schälchen mit Belohnungen in der Nähe der Ausgangstüre. Wer mit seinem Welpen schimpft, wenn drinnen ein „Missgeschick" passiert, erreicht damit oft nur, dass der Welpe sein nächstes Geschäftchen besser versteckt.

Vermeiden Sie es, nachts nach dem „Pipimachen" mit dem Welpen zu spielen, wenn Sie nicht regelmäßig für Toberunden im Garten geweckt werden möchten. Die meisten Welpen haben gegen eine Spielstunde um Mitternacht nichts einzuwenden! Gehen Sie nicht darauf ein.

Shelties werden in der Regel schnell stubenrein, Hündinnen brauchen manchmal ein wenig länger als Rüden. Welpen, die trotz aller Bemühungen immer wieder im Haus urinieren, sollten tierärztlich untersucht werden.

Der erste Gassigang

Ein junger Welpe sollte keine längeren Strecken an der Leine ausgeführt werden. Als Faustregel werden häufig „fünf Minuten pro Lebensmonat" genannt.

Ein „Welpengassi" sieht anders aus als das eines erwachsenen Tieres. Der Welpe soll bei den Spaziergängen vielfältige neue Erfahrungen sammeln und die Bindung zum Menschen festigen. Befehle wie „Komm" und natürlich auch die Leinenführigkeit werden geübt. Die dabei zurückgelegte Strecke muss nicht groß sein.

81

Schlagen Sie nicht sofort den Rückweg ein, sobald Ihr Welpe sein Geschäft verrichtet hat. Viele Hunde erkennen den Zusammenhang zwischen „Häufchen machen" und „sofort heimgehen" und vermeiden es, sich zu erleichtern.

Zwei Angstphasen

Alle Hundewelpen durchlaufen zwischen der 8. und 12. Lebenswoche eine „Angstphase", in der sie besonders empfänglich für furchteinflößende Erlebnisse sind. Bei den ohnehin sensiblen Shelties sollte man dieser Phase besondere Beachtung schenken und bei der Aufzucht des Welpen umsichtig sein. Positive Erlebnisse sind gefragt. Sollte Ihr Welpe dennoch schlechte Erfahrungen machen und anschließend Furcht zeigen, arbeiten Sie daran, diese wieder zu löschen.

Hier ein Beispiel:
- Furcht vor dem Staubsauger und dessen Geräusch
- Reaktion des Welpen: Weglaufen, Verstecken, Verbellen
- Löschen durch Desensibilisierung: Den Welpen zum Beispiel mit Spiel beschäftigen, den Staubsauger in einem Nebenraum anschalten (der Lärm ist gedämpft). Zeigt der Welpe keine Furcht, schrittweise steigern, also die Tür zum Nebenraum offen lassen, die Ablenkung verringern, den Abstand zum Gerät verringern.
- Eine Steigerung darf erst dann erfolgen, wenn die Situation furchtfrei durchlaufen wird.

Für einen Welpen gibt es jeden Tag etwas Neues zu entdecken.

Eine weitere Phase der Angst kommt mit dem Heranreifen in der zweiten Hälfte des ersten Lebensjahres. In dieser Zeit kann es geschehen, dass der junge Hund sich vor bisher vertrauten Dingen fürchtet wie zum Beispiel vor einem sich öffnenden Regenschirm. Auch hier können Sie Ihrem Tier helfen, indem Sie ihn schrittweise heranführen.

In jeder Angstphase ist es besonders wichtig, dass der Welpe oder Junghund in Ihnen einen souveränen, selbstsicheren Partner hat. Bedauern Sie Ihren Hund nicht, sondern behandeln Sie ihn freundlich, aber bestimmt und zeigen ihm, dass seine Angst unbegründet ist. Sichern

Sie Ihren heranwachsenden Hund auf Gassigängen und denken Sie vorausschauend. Sie müssen damit rechnen, dass er in einer für ihn beängstigenden Situation (zum Beispiel laute Geräusche, Donner, fremde Hunde) mit Flucht reagiert.

Welpenschule

In den letzten Jahren hat es sich eingebürgert, zur Sozialisierung von Welpen und Junghunden eine Welpenschule zu besuchen. Die Qualität steht und fällt mit dem Trainer, der die Stunde abhält. Für Hundeanfänger ist es sehr schwierig einzuschätzen, ob der Trainer gut ist oder nicht.

In der Welpenstunde sollte Ihr Hund in kontrolliertem Rahmen mit verschiedenen Umweltreizen konfrontiert werden und der Trainer sollte Ihnen bei den ersten Erziehungsschritten helfen.

Seien Sie vorsichtig, wenn die Altersspanne der Welpen sehr groß ist. Halbjährige Junghunde spielen ganz anderes als ein zehn Wochen alter Sheltie! Sehr schnell wird aus dem „harmlosen Spiel" eine wüste Verfolgungsjagd. Die Hunde sollten nach Alter und Größe passend für eine Gruppe ausgewählt werden.

Grundsätzlich sollten Sie darauf achten, dass der Trainer eingreift, wenn das Spiel zu grob wird. Holen Sie Ihren Hund notfalls selbst aus der Situation. Es gibt rassebedingt große Unterschiede im Spielverhalten von Hunden. Grobmotorische, schwere Welpen, die Ihren Sheltie im Spiel immer wieder „über den Haufen rennen", bringen ihrem Hund nichts bei – außer, dass man sich vor solchen Hunden besser in Acht nimmt, wegläuft oder ihnen direkt die Zähne zeigt. Sollten Sie an diesen Punkt gelangen, haben Sie eine Menge Erziehungsarbeit vor sich.

Haben Sie keine Gelegenheit, mit Ihrem Welpen eine Welpengruppe zu besuchen, suchen Sie den Kontakt zu mehreren gut sozialisierten erwachsenen Hunden. Hier kann Ihr Welpe sehr viel lernen.

Stellen Sie zudem ein kleines „Ausflugsprogramm" zusammen. Gehen Sie mit Ihrem Welpen zum Beispiel in die Stadt, an einen Bahnhof, ins Café und so weiter – machen Sie ihn langsam mit allen Situationen vertraut, mit denen er auch als erwachsener Hund konfrontiert wird.

Auch von erwachsenen Hunden kann ein Sheltiewelpe viel lernen.

83

Nach der Welpenzeit

> Ab dem Alter von vier bis fünf Monaten spricht man nicht mehr vom „Welpen", sondern vom „Junghund".

Shelties werden zu den „leichtführigen" Hunden gezählt. Sie haben den sogenannten „Will to please", das heißt, sie sind kooperativ und nur allzu gern bereit, mit dem Menschen zusammenzuarbeiten. Anders als andere Rassen versuchen Shelties nur selten, ihren Kopf durchzusetzen. Sie wollen gefallen. Verspüren Shelties aber Ärger bei ihrem Menschen, weil zum Beispiel eine Übung nicht richtig klappt, reagieren sie häufig mit großer Verunsicherung und blockieren. Bei besonders sensiblen Shelties empfiehlt sich zur Erziehung der Clicker mit seinem stets gleichen Klicksignal.

Die richtigen Sportarten

Shelties möchten beschäftigt werden und arbeiten gern. Sie sind für sehr viele Hundesportarten geeignet. Besonders im Agility und Dog Dancing zeigen sich Shelties sehr begabt, auch im Obedience laufen sie erfolgreich. Clickertraining ist ideal, um den cleveren Shelties Tricks beizubringen. Gelegentlich werden Shelties auch zum Hüten eingesetzt. Fragen Sie bei den Rassezuchtvereinen nach Möglichkeiten für Hüteseminare.

Wenn Sie von vornherein planen, Ihren Sheltie im Agility zu führen, teilen Sie dies dem Züchter mit. Denn ab 43 cm Schulterhöhe müssen die Hunde im Agility-Wettbewerb in der Größenklasse „large" starten, die

Beim Slalom im Agility ist der Sheltie in seinem Element.

Höhe der Hürden beträgt dann bis zu 65 cm. Das ist eine starke körperliche Belastung für den kleinen Sheltie. Daher ist es besser, wenn er kleiner als 43 cm ist, um in der kleineren Klasse starten zu können, oder deutlich größer. Viele Hundesportvereine bieten aber Agility auch „just for fun" an, ohne auf Einhaltung der Wettkampf-Größenklassen zu pochen.

Größeneinteilung im Agility

- Small (S): kleiner als 35 cm Widerristhöhe
- Medium (M): 35 bis 43 cm Widerristhöhe
- Large (L) über 43 cm Widerristhöhe

Außer für Hundesport eignen sich Shelties, besonders die etwas größeren Rassevertreter, auch für den anspruchsvollen Einsatz als Rettungshund.

Die Ausbildung zum Rettungshund und Rettungshundeführer ist in verschiedenen Organisationen möglich, zum Beispiel beim Deutschen Roten Kreuz (DRK), dem Arbeitersamariterbund (ASB), dem Bundesverband Rettungshunde e. V. (BRH) und vielen mehr. Möchten Sie sich in einer Rettungshundestaffel engagieren, informieren Sie sich, wo in Ihrer Region Rettungshunde ausgebildet werden.

> Informationen über die verschiedenen Hundesportarten erhalten Sie beim Deutschen Hundesportverband oder dem VDH.

Auch als Therapie- und Besuchshunde werden Shelties erfolgreich eingesetzt.

Auch für die Ausbildung zum Rettungshund sind Shelties geeignet.

Mit dem Sheltie auf Hundeausstellungen

Rassehunde werden seit Langem auf Ausstellungen gezeigt, beurteilt und prämiert. In England, wo die organisierte Hundezucht entstand, wurden 1859 zum ersten Mal Hunde im Schönheitswettbewerb ausgestellt. Die erste deutsche Hundeausstellung fand im Juli 1863 in Hamburg statt – viele Jahre, bevor die Rassezucht des „Shetland Sheepdog" begann.

Damals wie heute sind die Shows für Züchter und Hundefreunde eine gute Gelegenheit, sich einen Überblick über den Stand einer Hunderasse zu machen. Sprach man in früheren Jahren noch von „Zuchtschauen", ist es heute üblich, den Begriff „Hundeausstellung" zu verwenden. In Deutschland organisieren die beiden Vereine CfBrH und SSCD jährlich etwa 50 Ausstellungen, auf denen Shelties ausgestellt werden.

Nur Hunde mit einem gepflegten Erscheinungsbild sollten auf Ausstellungen vorgeführt werden.

Wer darf ausstellen?

Auf Schauen des VDH können Hunde nur dann ausgestellt werden, wenn sie in ein FCI-anerkanntes Zuchtbuch oder Register eingetragen sind. Für die im CfBrH und SSCD gezogenen Shelties ist das der Fall, denn diese besitzen alle eine VDH/FCI-Ahnentafel und stehen im Zuchtbuch ihres Vereins.

Shelties, die außerhalb der FCI beziehungsweise des VDH gezogen wurden, dürfen nur ausgestellt werden, wenn sie zuvor phänotypisiert und in das Register eines der beiden Rassezuchtvereine eingetragen wurden. Phänotypisierungen finden auf den Ausstellungen statt, in der Regel nach dem Richten.

Auf Ausstellungen werden alle Hunde einer Rasse einem dafür ausgebildeten Richter vorgestellt. Die Hunde werden dabei unterteilt: Zunächst werden alle Rüden gezeigt, dann alle Hündinnen, jeweils noch aufgeteilt in verschiedene Klassen.

Reihenfolge des Richtens
- Veteranenklasse (ab 8 Jahre)
- Ehrenklasse (Hunde mit dem bestätigten Titel „Internationaler Schönheitschampion FCI")
- Jüngstenklasse (6 bis 9 Monate)
- Jugendklasse (9 bis 18 Monate)
- Zwischenklasse (15 bis 24 Monate)
- Championklasse (ab 15 Monaten, nur mit FCI-Championtitel, die genaue Regelung ist in der VDH-Ausstellungsordnung nachzulesen)
- Offene Klasse (ab 15 Monate)
- Neu hinzugekommen ist die Babyklasse für Hunde von 3 bis 6 Monaten.

In allen Klassen außer in der Ehren-, Veteranen-, Baby- und Jüngstenklasse werden den Hunden Formwertnoten zuerkannt: vorzüglich, sehr gut, gut und genügend.

Die vier besten Hunde in einer Klasse werden zudem platziert, sofern sie mindestens mit „sehr gut" bewertet wurden, der Sieger der Klasse erhält die Platzierung „1".

Um einen Championtitel zu erringen, muss ein Sheltie mehrere Male den ersten Platz in seiner Startklasse belegen und dazu natürlich auch verschiedene Ausstellungen besuchen. Die genauen Reglements sind den Ausstellungsordnungen der Zuchtvereine zu entnehmen.

Der Ausstellungshund

Bei den Shelties ist es schwierig, bereits beim Welpen einzuschätzen, ob dieser das Zeug zum Schönheitschampion hat. Zwar kann ein erfahrener Züchter Ihnen den vielversprechendsten Welpen eines Wurfes zeigen. Ob aus diesem Hund ein erfolgreicher Ausstellungshund wird, kann man aber im Alter von wenigen Wochen oder Monaten nicht garantieren.

Um herauszufinden, ob Ihr herangewachsener Sheltie auf einer Hundeausstellung Chancen hat, können Sie zunächst selbst die wichtigsten Kriterien anhand des Rassestandards für den Sheltie überprüfen. Die meisten Züchter stehen ihren Welpenkäufern dabei gern zur Seite.

In den VDH-Rassezuchtvereinen benötigt man für einen Sheltie, mit dem man züchten möchte, unter anderem zweimal die Ausstellungsbenotung „vorzüglich" oder „sehr gut".

Sollten Sie sich dafür entscheiden, Ihren Hund auszustellen, empfiehlt es sich für den Ausstellungsanfänger, zunächst als Besucher eine Hundeschau kennenzulernen. Große internationale Veranstaltungen in Messehallen sind für Mensch und Hund anstrengender als kleine nationale Veranstaltungen, die häufig im Freien abgehalten werden.

Die Rassezuchtvereine bieten hin und wieder sogenannte „Ringtrainings" an, bei denen die Teilnehmer mit ihren Hunden das Ausstellen üben können. Gelegentlich werden außerdem Rasselehrgänge durchgeführt, auf denen erfahrene Zuchtrichter ihr Wissen an Züchter und Aussteller weitergeben. Besonders für fortgeschrittene Liebhaber und Züchter sind diese Seminare sehr zu empfehlen. Wann und wo Ausstellungen, Trainings und Seminare stattfinden, erfahren Sie bei den zuständigen Zuchtvereinen.

Die richtige Ausstattung

Nicht nur der Hund, auch der Aussteller sollte am Schautag seine Aufgabe möglichst gut machen. Neben dem optimal gepflegten Hund gehören dazu auch die korrekte Leine und angemessene Kleidung.

Die spezielle Vorführleine mit integrierter Halsung (Halsband und Leine in einem Stück) ist meist eine dünne Nylonleine mit oder ohne Metallkettchen.

Die Leine sollte farblich auf den Sheltie abgestimmt sein und grundsätzlich nicht vom Hund ablenken – knallige, bunte Farben verbieten sich daher. Für Hunde mit weißer Halskrause verwenden Aussteller gern weiße Leinen. Hat der Sheltie keinen weißen Nacken richtet man sich nach der Fellfarbe.

Während der Vorführung wird die Leine locker gehalten – sie sollte weder stark durchhängen noch den Hund würgen. Das Ende der Leine baumelt nicht herab, sondern verschwindet in der Hand des Ausstellers.

Der Hund wird mit der linken Hand geführt, die linke Seite des Hundes ist somit die „Ausstellungsseite", die dem Richter zugewandt ist.

Der Aussteller sollte bequem, aber nicht zu leger bekleidet sein. Der Hund sollte sich farblich deutlich von der Kleidung des Ausstellers abheben, damit der Richter ihn gut erkennen kann.

Lange, wallende Röcke lassen manchen Hund im wahrsten Sinn des Wortes „verschwinden".

Tragen Sie Schuhe, die bequem sind und in denen Sie selbst auch ein „gutes Gangbild" zeigen, und versuchen Sie sich während des Laufens nicht zu ihrem Hund hinunterzubeugen. Aufrechte Körperhaltung und nach vorn gewandtes Gesicht wirken sich positiv auf die Vorführung aus.

Während der Präsentation Ihres Hundes müssen Sie Ihre Startnummer deutlich sichtbar an der Kleidung tragen. Denken Sie deswegen daran, Sicherheitsnadeln mitzunehmen, oder besorgen Sie sich einen speziellen Clip oder Halter für die Startnummer.

Während des Richtens erkundigt sich der Richter meist nach dem Alter Ihres Hundes. Ein ausländischer Richter fragt Sie womöglich in seiner Muttersprache – seien Sie also ein wenig vorbereitet. Sie sollten den Richter nicht von sich aus ansprechen, um etwas über Ihren Hund zu erzählen.

88   Richterentscheidungen sind immer zu akzeptieren!

Welche weiteren formellen Voraussetzungen bei einer Ausstellung zu erfüllen sind und welche Regeln gelten, können Sie den Ausstellungsordnungen der Rassezuchtvereine entnehmen.

Den Sheltie vorbereiten

Hunde, die auf einer Ausstellung gezeigt werden, sollten sich in bester Verfassung befinden. Der Pflegezustand des Hundes sollte optimal sein und selbstverständlich dürfen nur gesunde Hunde ausgestellt werden.

Es gilt also, vor der Ausstellung einige Pflegemaßnahmen vorzunehmen. Viele Aussteller baden ihre Shelties zwei oder drei Tage vor der Schau, damit das Fell optimal zur Geltung kommt und die weißen Fellpartien strahlen. Den Sheltie am Vorabend der Ausstellung zu baden, ist nicht unbedingt ratsam. Bei vielen Hunden plustert sich das Fell nach dem Baden stark auf. Wenn der Hund mit restfeuchtem Fell schläft, können sich unerwünschte, hartnäckige Wellen und Locken im Haar bilden.

Fransen und Flusen an den Ohren sollten grundsätzlich gekürzt werden.

Ein Hund, der wenig Fell hat, kann an Volumen gewinnen, indem man ihn vor der Ausstellung gegen den Strich mit ein wenig Wasser besprüht und so die Unterwolle zum Aufquellen bringt. Einen ähnlichen Effekt erzielt man, wenn man dem Hund ein feuchtes Handtuch über den

Das richtige Präsentieren ist wichtig für den Ausstellungshund.

Rücken legt. Achten Sie darauf, dass das Fell unter dem Tuch glatt nach hinten liegt.

Ebenfalls einige Tage vor der Ausstellung sollten die Pfoten und Hocken zurechtgemacht werden wie im Kapitel „Grooming" beschrieben.

Für Anfänger ist es am besten, alle Schneidemaßnahmen etwa zwei Wochen vor der Schau durchzuführen, harte Schnittkanten mildern sich wieder ab. Minimale Korrekturen können Sie noch kurz vor der Schau vornehmen – am besten mit einer Effilierschere.

Kontrollieren Sie außerdem die Zähne Ihres Hundes. Für die Ausstellung sollte das Gebiss sauber sein.

Alle weiteren Pflegemaßnahmen richten sich nach den Erfordernissen Ihres Hundes.

Richtig präsentieren

Vor seiner ersten Ausstellung sollte der Hund ein Showtraining absolviert haben. Dazu gehört grundsätzlich das lockere Laufen an der Leine in der Geschwindigkeit, in welcher der Hund sein Gangwerk optimal zeigen kann (Trab) sowie das ruhige Dastehen in aufmerksamer Haltung.

Shelties werden, nachdem sie in der Gruppe unter den Blicken des Richters einige Runden im Ring gelaufen sind, zum Richten auf einen Ausstellungstisch gestellt. Daher sollten Sie Ihren Sheltie schon vor der Schau daran gewöhnen, sich auf einen Tisch stellen und von einem Fremden anfassen zu lassen. Der Richter wird Ihrem Hund vermutlich ins Maul schauen und seinen Körper abtasten, bei Rüden wird außerdem kontrolliert, ob beide Hoden vorhanden sind. Am Tisch und auch im Ring sollten Sie darauf achten, niemals zwischen Hund und Richter zu stehen.

Shelties, die sich nicht anfassen lassen, vor Angst vom Tisch springen oder gar versuchen zu beißen, müssen berechtigterweise mit einer schlechten Bewertung oder Disqualifikation rechnen.

Nach dem Begutachten des Hundes auf dem Tisch werden Sie mit Ihrem Sheltie ein Dreieck laufen müssen, damit der Richter das Gangwerk des Hundes beurteilen kann: von hinten, von der Seite und von vorn. Üben Sie das Dreieck-Laufen vor der ersten Ausstellung!

Ein Kardinalfehler ist der Passgang beim Sheltie – das gleichzeitige Bewegen der Beine auf derselben Körperseite. Hunde, die zum Passgang neigen, tun dies meist nur in einer bestimmten Geschwindigkeit, ein Wechsel hin zu langsamerer oder schnellerer Gangart lässt sie wieder in den gewünschten Trab fallen.

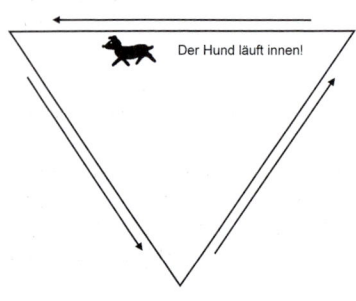

Der Hund läuft innen!

Richter

Die Leine für die Ausstellung sollte dünn und farblich angepasst sein.

Ist der Lauf absolviert, diktiert der Richter dem Ringschreiber den Richterbericht. In dieser Phase stellen Sie Ihren Sheltie vor den Richter, sodass dieser ihn gut sehen kann. Halten Sie dabei genügend Abstand; wenn Sie zu nahe stehen, sieht der Richter Ihren Hund zu sehr von oben.

Nun gilt es, dass Ihr Hund optimal steht und sich von seiner besten Seite zeigt. Achten Sie darauf, dass Vor- und Hinterhand schön gestellt sind und dass Ihr Sheltie seine Ohren aufmerksam aufrichtet.

Wenn der Richter mit dem Schreiben des Berichtes fertig ist, kehren Sie mit Ihrem Sheltie an Ihren Platz in der Reihe zurück.

Den Bericht können Sie am Ende der Ausstellung, nachdem alle gemeldeten Hunde gerichtet sind, bei den Ringschreibern abholen.

Nachdem alle Hunde der Klasse beurteilt wurden, kommt es zur Platzierung der Hunde. Je nach Ausstellung geht es für die Erstplatzierten noch weiter mit den Wettbewerben, zum Beispiel um den Titel BOB (Best of Breed = Rassebester) und BIS (Best in Show = Bester Hund der Schau). Auf vielen Schauen gibt es noch weitere Titel zu gewinnen. Welche dies sind, können Sie der Ausschreibung entnehmen.

Die nicht der FCI angeschlossenen Vereine organisieren ebenfalls regelmäßig Ausstellungen. Mitunter werden klangvolle Titel wie „Europasieger", „Weltsieger" oder „Jahrhundertsieger" vergeben. Um den Wert eines Siegertitels einschätzen zu können, informieren Sie sich, auf welcher Schau der Titel errungen wurde.

Anhang

Verwendete Literatur

Osborne, Margaret: **The Shetland Sheepdog.** Popular Dogs, London, 7. Ausgabe 1979.
Scott, J. P. und Fuller, J. L.: **Dog Behavior – The genetics Basics.** University of Chicago Press, Chicago, London 1965.
Eichelberg, Helga: Hundezucht: **Erfolgreich züchten auf Gesundheit, Leistung und Aussehen.** Kosmos, Stuttgar 2006.

Zum Weiterlesen

Dege-Neumann, Irmgard: **Handbuch Hundepflege.** Oertel+Spörer, 2009.
Ferber, Renate: **Hundeleckerli selbst backen.** Oertel+Spörer, 2011.
Hartmann, Michael: **Patient Hund.** Oertel+Spörer, 2010.
Prümmel, René: **Homöopathie für Hunde.** Oertel+Spörer, 2008.
Rauth-Widmann, Brigitte: **Welpen – Mit dem Hund durchs erste Jahr.** Oertel+Spörer, 2010.
Reichenbach, Uta: **Wie Hunde kommunizieren.** Hundesprache richtig verstehen. Oertel+Spörer, 2011.

Reichenbach, Uta und Lehari, Gabriele: **Der zuverlässige Begleithund.** Oertel+Spörer, 2009.
Reisert, Christiane: **Wo drückt die Pfote?** Wenn Hunde krank sind. Oertel+Spörer, 2011.
Schuhmeir, Wieland: **Problem Hund?** Verhaltensprobleme erkennen – lösen – vorbeugen. Oertel+Spörer, 2011.
Sinner, Tanja und Lehari, Gabriele: **Obedience.** Oertel+Spörer, 2010.

Wichtige Adressen

Fédération Cynologique International (FCI)
FCI Generalsekretariat
Place Albert 1er, 13
B-6530 THUIN
BELGIQUE
www.fci.be

Verband für das Deutsche Hundewesen (VDH)
Westfalendamm 174
44141 Dortmund
Tel.: 0231/5 65 00-0
Fax: 0231/59 24 40
www.vdh.de

Club für Britische Hütehunde e. V.
www.cfbrh.de

1. Shetland Sheepdog Club Deutschland e. V.
www.sscd-ev.de

TASSO e. V.
Frankfurter Str. 20
65795 Hattersheim
GERMANY
Tel.: +49 (0)6190/93 73 00
E-Mail: info@tasso.net
www.tasso.net

Deutscher Hundesportverband e. V.
Ennertsweg 51
58675 Hemer
Tel.: +49 (0)2372/55 59 8-0
E-Mail: info@dhv-hundesport.de
www.dhv-hundesport.de

Österreichischer Kynologenverband (ÖKV)
Siegfried Marcus-Straße 7
AT - 2362 BIEDERMANNSDORF
Tel.: + 43 2236/71 06 67
Fax: + 43 2236/71 06 67 30
E-Mail: office@oekv.at
www.oekv.at

Schweizerische Kynologische Gesellschaft (SKG)
Brunnmattstrasse 24
3001 CH-BERNE
Tel.: +41 31/30 66 26-2
Fax: + 41 31/30 66 26-0
E-Mail: skg@skg.ch
www.skg.ch

93

Register

Expertenwissen Hunderassen

Claudia Schmidt
Kurzhaar-Collie

Oertel+Spörer

Claudia Schmidt

Kurzhaar-Collie

96 Seiten, 14,8 x 21 cm, broschiert, ISBN 978-3-88627-835-0

Collies mit üppigen Fell gehören wohl zu den bekanntesten Hunden. Aber wer weiß schon, dass es auch einen Kurzhaar-Collie gibt, der seit über 100 Jahren als eigene Rasse anerkannt ist? Um diese Wissenslücke zu füllen, wurde dem Kurzhaar-Collie ein eigenes Buch gewidmet.

Da der Kurzhaar-Collie weder einen übersteigerten Hütetrieb noch einen ausgeprägten Jagdtrieb besitzt, ist er der ideale Familienhund. Dank seines angenehmen Wesens und seiner Gelassenheit ist er vielseitig einsetzbar, ob im Dienst des Menschen, als zuverlässiger Begleiter oder in verschiedenen Hundesportarten.

Claudia Schmidt hat schon im Jahr 1991 den ersten Kurzhaar-Collie bekommen. Seit 1993 züchtet sie erfolgreich die damals noch recht unbekannte Rasse und organisiert regelmäßig Treffen für alle Kurzhaar-Collie-Besitzer.

Oertel+Spörer – Der Spezialist für Kleintierbücher

www.oertel-spoerer.de